果蔬病虫害
生态调控技术

李玉涛　孙作文　尹传坤　主编

山东科学技术出版社
·济南·

图书在版编目（CIP）数据

果蔬病虫害生态调控技术 / 李玉涛，孙作文，尹传坤主编 .-- 济南：山东科学技术出版社，2022.8
ISBN 978-7-5723-1270-0

Ⅰ.①果… Ⅱ.①李… ②孙… ③尹… Ⅲ.①果树－病虫害防治 ②蔬菜－病虫害防治 Ⅳ.① S436

中国版本图书馆 CIP 数据核字(2022) 第120528 号

果蔬病虫害生态调控技术

GUOSHU BINGCHONGHAI SHENGTAI TIAOKONG JISHU

责任编辑：于　军
装帧设计：孙　佳

主管单位： **山东出版传媒股份有限公司**
出 版 者： **山东科学技术出版社**
地址：济南市市中区舜耕路 517 号
邮编：250003　电话：（0531）82098088
网址：www.lkj.com.cn
电子邮件：sdkj@sdcbcm.com
发 行 者： **山东科学技术出版社**
地址：济南市市中区舜耕路 517 号
邮编：250003　电话：（0531）82098067
印 刷 者： **山东彩峰印刷股份有限公司**
地址：潍坊市福寿西街 99 号
邮编：261031　电话：（0536）8216157

规格： 16 开（170 mm × 240 mm）
印张： 17.75　**字数：** 315 千
版次： 2022 年 8 月第 1 版　**印次：** 2022 年 8 月第 1 次印刷
定价： 68.00 元

主　编　李玉涛　孙作文　尹传坤

副主编　夏　伟　白廷堂　王玉春　高玉红　张　磊
卢　敏　尹星懿　邵明朋　李　振　刘　洁
周祥晨　董娟华

编　者（以姓氏笔画为序）

于成千　王　平　王立梅　王洪坤　王振华
孔庆法　付长华　包吉祥　吕慎宝　朱开来
朱守杰　任　焱　刘　峰　刘卫龙　刘召峰
刘召部　刘伯志　刘宝烈　刘燕如　孙永刚
孙延美　李长坤　李先干　李庆国　李念军
李建平　李贵荣　李彦娟　杨建成　时玉娟
邱增云　邹世洲　张新兰　陈龙腾　陈洪福
武　剑　郝桂红　徐道明　郭　华　郭玉明
曹婷婷　曹慧琴　戚业伟　彭　波　董伟伟
程丽丽　谢瑞雪　满中合　薛晶晶　魏文杰

前　言

如今我国农业已进入绿色创新的高质量发展阶段，对于植保工作提出了更高的要求，既要解决病虫害带来的生产安全问题，又要解决农产品供给的质量保障问题，还要解决连续种植带来的生态环境恶化问题。采用绿色防控技术是解决各种问题的有效途径，良好的农田和果园生态系统是绿色防控技术的基础，生态调控是实现农业良好生态环境的重要手段。通过调控农田和果园生态系统植被结构、温度、光照、湿度、气体、肥料等，创造有利于果蔬生长，不利于病虫害发生的环境条件，减轻病虫害发生程度；强壮果蔬，提高抗逆性；同时创造适合生物菌剂定殖、天敌昆虫生存的环境，改良土壤微生态条件，充分发挥生物防治的作用，降低对化学农药的依赖性。

我们按照不同病虫害发生规律和不同栽培模式特点，以土壤生态调控为基础，增施生物有机肥，改善土壤物理、化学、生物学性质，结合水肥管理、生物菌剂使用等，形成了果蔬病虫害生态调控系列技术，特编撰成书。

本书汇集了笔者几十年对农业生产的探索创新和经验总结，

实用性和参考性强。例如，发现了日灼伤通道，通过这一通道炭疽病菌会重复侵染。通过采取减少日灼伤的措施，取得了歪把红山楂炭疽病的良好防控效果；创新了“台田遮阴草莓育苗技术”，较好解决了草莓育苗难题。创新了“良好环境栽培技术”（生态防控技术），解决了套袋苹果黑点病，黄瓜、西红柿根结线虫病，大姜疥姜与歪脖子病等防控难题，为绿色、安全生产提供了技术保障。本书中的许多创新思路和做法都来源于大量的生产实践，有别于传统生产观念，望读者用心体会并不断完善。

由于我们水平有限且时间仓促，书中难免存在错误和不当之处，敬请读者批评指正。

编者

目 录

第一章 概述

第二章 大樱桃病虫害生态调控技术

第三章　苹果病虫害生态调控技术

第四章 桃病虫害生态调控技术

第五章 梨病虫害生态调控技术

第六章　枣病虫害生态调控技术

第七章　草莓病虫害生态调控技术

第八章 黄瓜病虫害生态调控技术

第九章 西红柿病虫害生态调控技术

第十章 大姜病虫害生态调控技术

第十一章 其他作物病虫害生态调控技术

附录

第一章　概述

一、生态调控技术，现代农业之需

山东是农业大省，烟台苹果、莱阳黄梨、潍县萝卜、寿光蔬菜、沂南黄瓜、苍山大蒜、莘县香瓜、蒙阴蜜桃、莱芜大姜、沾化冬枣等“农特优”产品驰名中外，这也是现代高效农业之本。这些果蔬长期重茬种植，会带来土壤营养不良（缺营养素），根部病害发生严重，果蔬长势差、减产等问题。例如，沂南黄瓜保护地连续重茬种植，导致发生黄瓜根结线虫、重茬根腐病，缓苗慢、产量低、抗逆性差、品质下降等问题。套袋苹果黑点病屡治不愈，裂果多、着色差、口味下降等。大樱桃出现畸形果、裂果，坐果率低、品质下降等。草莓出现死苗、烂棵、黄化苗、畸形果，口味改变，果实腐烂，连续翻种、连续死苗等。大姜茎基腐病发生严重，成为不治之症，导致许多地块严重减产，甚至绝产。疥姜（根结线虫病）的扩大发生，姜农每亩地需出资几千元熏地、消毒，继而频繁换地种植。西红柿出现死棵、烂根，发生茎基腐病，果实在生长发育过程中萎蔫、大量皲裂，特别是着色不均、肉质异常、品质降低等。果蔬长期重茬种植导致土地产能下降，农业效益降低，好多农民失去种植信心，更重要的是消费者对农业、农产品提出质疑，过去的味道哪儿去了？为什么果不甜、菜不香？食品安全、消费健康让人担忧。

针对以上重茬种植问题，我们一直在研究、在试验、在探索，总结出了“良好环境栽培技术”。这项技术以改善农产品品质、提高产量为目标，利用绿色生态调控技术，改善土壤营养状况，有效防控病虫害。

生态调控是通过采取农业措施，改良生态系统中的非生物因子（温度、湿度、土壤酸碱度、土壤物理和化学性质、光照、空气等）和生物因子（有益微生物、天敌昆虫、功能植物等），从而防控病虫害，促进果蔬增产，提升品质。

二、良好环境栽培技术的早期实践

平邑天宝大量出产歪把红山楂，成熟早、品质好、卖价高，果农栽培热情高，但是炭疽病问题严重。大金星山楂树每年喷雾3~4遍农药，无病无虫。歪把红山楂树每年喷雾8~9遍农药却发病严重，损失很大。经过调查，炭疽病呈明显的分布型，树冠上部、南侧发生重；结果部位靠近水泥路面、岩石、地堰的发生重；地面清耕、光秃的发生重；树下丛生杂草的发生轻，内膛枝上部发生轻，这与平常炭疽病的发生特点不一致。经过随后2年试验验证，歪把红山楂炭疽病的发生与日灼伤、汽灼伤有直接关系，容易发生日灼伤、汽灼伤的部位易发病。通过采取增施有机肥料，地面生草，树盘覆草，周围地堰种植豆角、扁豆遮盖等措施，结合适当使用药物，有效防控了歪把红山楂炭疽病。这让我们重新认识了环境对病害发生的重要影响；发现了炭疽病菌可以通过日灼伤通道再侵染，随后在其他作物炭疽病发生途径方面也得到了验证。“草莓死苗综合防治技术试验”论文刊登在《落叶果树》（2018年4月18日，第20页），阐述了这一发现。

三、良好环境栽培技术产生的技术基础

2007年国家测土配方施肥工作广泛开展，山东各县都进行了土壤普查，对每个村庄的作物种植区土壤都进行了取样，基本检测结果是果蔬园地的碱解氮超标1~3倍，有效磷超标5~10倍，有效钾超标2~5倍，土壤pH 5左右，土壤有机质、中微量元素严重不足；大宗粮田碱解氮超标1倍以上，有效磷超标2~5倍，有效钾超标1~2倍，土壤pH 5~5.5，土壤有机质、中微量元素严重不足；山岭地、瘠薄地碱解氮适量，有效磷超标2倍左右，有效钾适量或不足，土壤有机质、中微量元素严重不足。随后进行了几次土壤跟踪检测，氮、磷、钾超标越来越严重（表1）。

表1　2010年10月26日沂南县作物种植区取土检测

样方	统一编号	有机质（克/千克）	碱解氮（毫克/千克）	有效磷（毫克/千克）	速效钾（毫克/千克）	pH
果园	276302G20101026C105	13.30	201	206.7	570	4.73
	276302G20101026C106	14.70	161	196.5	480	4.44
	276302G20101026C107	16.10	165	139.1	323	5.01
花生田	276302G20101026C108	16.15	93	96.75	119	5.15
	276302G20101026C109	8.59	118	62.55	61	5.31
	276302G20101026C110	11.16	120	81.05	148	5.03
	276302G20101026C111	9.09	110	39.8	78	5.48
	276302G20101026C112	13.04	84	58.55	121	4.85

经过对黑点病发生严重苹果园的土壤分析，磷、钾超标，土壤盐渍化、酸化是发病的主要原因。2010年秋季，在沂南县薄家店子村红富士苹果园，开展了从少用到停用氮、磷、钾肥料，以海藻生物菌肥、中微量元素硅钙肥为主，配合叶片喷雾补充钙肥的套袋苹果黑点病防控试验。2011年初见成效，处理区套袋苹果黑点病发生程度明显减轻，苹果规格没有变小。2012年继续停止施用氮、磷、钾肥料，增施海藻生物菌肥、中微量元素硅钙肥，同时进行行间生草、树盘覆草，以改善小气候环境，提升肥料的吸收利用率，取得了良好效果。2012年10月20日开袋，试验区苹果没有一个黑点，而且规格超过对照，直径80毫米以上的苹果超过60%，果香也明显增加了。随后持续4年没有施用氮、磷、钾肥料，黑点病一直没有发生。苹果大小均匀，直径80毫米以上的苹果超过75%，只是特大果没有常规管理的大；折合亩产量3 500千克，比常规管理亩产量3 300千克明显增高；试验区苹果香味浓了，口感更好了。从第5年开始，每亩地施用复合肥（氮：磷：钾为16：6：23）20千克，苹果树持续表现良好，套袋苹果黑点病问题解决了。初见成效后，我们又开展了黄瓜、西红柿、大姜等生态调控试验，都取得了良好效果，逐渐形成了良好环境栽培技术。

四、良好环境栽培技术的概念与内涵

良好环境栽培技术就是依据作物的生长发育特点和病虫草害发生规律，在具体的栽培模式下，创造有利于作物生长，不利于病虫草害发生的环境条件，包括土壤生态环境、小气候生态环境、天敌保护环境等。

1. 良好土壤生态环境

主要指根据作物特点，选择生态调控、科学用肥，培育更适合作物生长结果、品质优良的土壤环境。培育良好土壤环境的核心技术是，增加土壤有机质，改善土壤团粒结构和保温、保水、增氧能力；补充有益微生物，创造有益微生物良好繁育的条件；补充中微量元素，保持合理的氮、磷、钾肥料占比，提升土壤中氮、磷、钾肥料的利用率等。具体做法是，以金龟二代中微肥、枯草芽孢杆菌生物菌肥为主体，与生物菌发酵的畜禽有机肥配合，少用或不用大量元素复合肥，冲施金龟原力、氨基酸、碳肥、生物菌肥等，中微量元素水溶肥和氮、磷、钾水溶肥限时限量补充。

果园土壤环境良好化技术还包含了生草覆草技术，创造更适合果树生长发育的小气候生态环境，减少生理性病害，养护天敌；发挥土壤良好的保水、稳水功能；减轻水土流失，稳定地表温度，增加高活性表土层的利用率；提高太阳能的有机质合成作用，增加有机质，减轻裂果、皱缩等生理性病害，提高果实品质；解决果园杂草问题，拒绝用化学药物除草，减轻农药的污染；解决作物秸秆焚烧问题，美化乡村环境。

2. 良好小气候生态环境

主要指在具体栽培模式下，通过管理小气候影响因素，创造有利于作物生长，不利于病虫害发生的环境条件。例如，大姜茎基腐病是一种弱寄生菌侵染引起的真菌性病害，发生条件是微伤口形成后遇高湿环境，用肥不当，特别是高温、干旱、暴晒之后遇高湿环境。通过科学用肥，使用遮阳网、适当生草、及时浇水、短垄栽培、及时排水防涝等技术，创造良好的小气候生态环境，避免形成根茎微伤口，就基本不发生茎基腐病了。

大棚黄瓜灰霉病，发生条件是气温16~26℃、空气湿度85%以上。黄瓜生长要求日温30~33℃、夜温10~13℃，空气湿度60%。采用快速提升白天温度，降低夜间温度，地膜覆盖，膜下滴灌适量浇水等方法，创造适宜黄瓜生长的环境条件（棚内空气湿度60%、气温30~33℃），避免灰霉病发生。

3. 良好微生物、昆虫天敌生态环境

（1）土壤有益微生物群环境：培育土壤有益微生物，有利于抑制有害微生物，防治作物病害，提高土壤活性，提高作物根系吸收功能。主要通过生草覆草、增施有机肥、平衡用肥、科学用水等，创造良好的微生物繁殖条件；足量补充有益微生物，充实有益微生物群系，禁止熏地等灭生活动，减少除草剂的使用；促使作物健壮生长，提高抗逆性。

（2）良好植被环境：主要包括作物的良好密度与结构，适当密度与高度的优势草资源配比，与周围的树体环境结合。例如，茶叶生长要求一定密度的松柏搭配，行间有相应的杂草生长，保持茶园湿润的小气候环境，茶叶幼芽才香润浓郁、品质优良，避免发生日灼伤、干热风伤害等问题。

（3）科学用药，保持良好的天敌生物环境：主要是采取良好环境栽培技术，抓住病虫害发生时机，根据虫口指数原则，选择针对性强、高效、低毒、低残留的非广谱杀虫剂和生物农药，适当喷药配合防控，尽量减少用药，充分发挥天敌控制病虫害的防控理念。例如，覆草果园每年早春有大量的越冬瓢虫、草蛉等出蛰，这些天敌足以控制早期蚜虫危害，尽量不要喷洒杀虫农药，起码不要喷洒对瓢虫、草蛉等天敌昆虫有伤害的农药。不喷农药，有可能短时出现对蚜虫的防治不彻底现象，但是，在天敌昆虫的作用下，蚜虫种群密度很快就会下降，不会形成明显危害。5月下旬果树上有些蚜虫发生，一般也不用喷洒农药防治。此时进入小麦黄熟期，小麦田中的瓢虫、食蚜蝇、蚜茧蜂等很快就进入果园，短时间就能控制蚜虫种群密度。很多果农都有类似经验，果园里有少量害虫发生，不会造成多少损失时，就不需要用农药防治。害虫发生数量较大时，不要选择高毒、广谱杀虫剂，想一次性彻底杀干净害虫，要树立不造成明显损失为目标用药的防控理念，这也属于生态调控技术。

五、生态调控技术应用成效

通过运用生态调控技术，连续30多年重茬种植的大棚黄瓜产量更高、品质更好，难治的根结线虫害，不用农药也不再发生；克服了难治的歪把红山楂炭疽病，山楂品质提升，产量提高了；解决了草莓育苗难问题，克服了草莓死棵现象，草莓管理变得容易；大姜茎基腐病不再发生，疥姜（根结线虫病）没有了，产量提高了；苹果枝条不再徒长，叶片增厚，成花好了，套袋苹果黑点病不再发生，口感变好；提高了大樱桃栽树成活率，当年生长量大、坐果率高，畸形果、裂果少了，果农收入稳定增加。

运用生态调控技术，显著减少了化肥、农药，特别是除草剂、杀虫剂的使用量，环境变好了，降低了病虫害的发生率，为绿色健康农特产品的生产提供了技术保障。

六、生态调控与防治用药配合

依据作物主要病虫害发生特点和规律，满足作物良好生长发育、结果的要求，全方位改善环境条件。以追求食品安全为目标，根据国家有关绿色食品生产的标准要求，优先选择天然和优质矿物源农药、生物农药，以及必要的低毒、高效、低残留农药。进行作物保护、病虫害防控，尽量减少用药量，有必要使用安全、对环境友好的农药；充分利用和发挥作物抗逆性功能，利用天敌和有益微生物进行综合防控。例如，防控保护地黄瓜细菌性软腐病，在膜下滴灌浇水、控制湿度、高温差管理的基础上，适当喷雾矿物质农药——氢氧化铜，可以避免发病。若发病，喷雾荧光假单胞杆菌，以菌治菌，效果良好。

第二章 大樱桃病虫害生态调控技术

一、选址建园

大樱桃种植，是家庭致富的好项目。以往的大樱桃生产区存在许多问题，在冬春干旱寒冷地区，容易发生抽条失水，造成死树；在夏季高温地区，畸形果率高；在冬季温度高的地区，满足不了花芽需冷量，不能正常开花结果；在地下水位高的地区，易发生根茎腐烂病；在降雨量大的地区，结果期易裂果，采果后易落叶，树势衰弱；在风沙大的地区，由于大樱桃树根浅，容易被风刮倒。大樱桃树对生长环境条件要求高，良好环境是大樱桃丰产优质高效的基础。大樱桃选址建园，应避开低洼易积水地段、沟谷“倒春寒”易发生地段和污染区域。采取专业化、适度规模化种植模式，每户最好选择连片地段，规模在 30 亩左右。少于 5 亩，收入偏少；50 亩以上面积太大，需要较多雇工管理，影响大樱桃质量，实际收入也不一定多。

二、起垄 211 栽树技术

创造良好的果园环境，栽树成活率高，当年生长量大，将来问题少。经过多年的调研、试验，我们总结出了一项良好环境栽树技术，称为“起垄 211”。

1. 栽植时间

山东沂南栽树以每年春季 3~4 月、秋后 11~12 月为好。春季 3~4 月栽树后，马上进入生根、萌芽、发枝期，树体固定快，看护时间短；秋收之后，整个冬季可流转、整理土地、筹备苗木等。秋后 11~12 月带叶移栽，树根系马上愈合、生长，为春季发芽、抽枝奠定了良好的营养基础，树的生长势强，年生长量大。但是，秋后栽树需要较长时间看护，同时需要培土防寒。有些地区秋季栽植的大樱桃树抽条、死树现象严重，只能在春季栽植。

2. 起垄栽植

大樱桃树根系浅、需氧量大，春季发芽早，需要土壤温度尽快回升。起垄栽植的大樱桃树生长茂盛、结果良好；平地栽植的大樱桃树发芽慢、生长量小，积水沤根，死树较多。一定要起垄栽树，创造根系良好生长的环境，才能先发根、后发芽。

在山岭地区栽植大樱桃树，通常为小冠疏层形、分层形、纺锤形、丛枝形等。山岭地画线起垄，最好绕山岭，按等高线方向起垄，便于排涝、灌溉和滴灌给肥等。在山岭地区起垄高度 20~50 厘米，山岭地起垄高度 30 厘米，平原地起垄高度 40~50 厘米。低洼排水不畅地段不适宜栽植大樱桃树。以栽植行距 4~4.5 米，起垄高 30 厘米以上为好。要求垄面宽度不小于 1.5 米，垄底宽度 2 米。依据特别树形要求设计，栽植行距以宽行间，便于机械化作业为好。

3. 栽植用肥

按照株距设计挖穴，直径50厘米、深30厘米，施肥备栽。新栽植树最好施肥，创造良好的根际营养条件，打好旺盛生长的基础。肥料的使用一定要有利于根系快速生长，储备营养，涵养水分和氧分。这样就不能用常规氮、磷、钾肥料，普通的圈肥由于发酵不彻底，施后二次发酵会产生有害物质，影响根系生长，甚至烧伤根系，降低成活率。经过筛选试用，“海晟宝”海藻生物菌肥表现良好，每穴施用2~3千克，少量回土，再栽苗。栽植深度以能培土到苗床土痕为准，浅了立不稳，深了树不旺。穴内施肥可形成“储存器”，储备营养、水分、氧气和补充有益微生物，还会使土壤温度略有升高，有利于根系早生发，减少病菌侵染，使树栽植成活率高、生长旺盛。无论漏水漏肥的沙地，还是黏重、透气性差的土地，这个“储存器”都有良好的效果。能补充繁殖大量有益菌，抑制有害菌及线虫等，保护根系；分解补充根际营养，提高根系生长吸收功能；在干旱缺水时释放水分，降雨时贮存水分；在多雨高湿时，还能供给根系氧气，避免沤根。

4. 浇水

分2次浇水，根系环境更好。大樱桃树定植后，及时小水浇灌，使根系吸收足够水分，供应树体。早春地温低，浇水过多容易造成先发芽、后扎根，树苗长不好，少浇水也有利于保证地温。新整地土疏松，水不透、沉不实，树不能良好生长，要在充分晒地5~7天后浇透水。有好多果农说：“我的水浇条件好，早春可以多次浇水，不用覆盖地膜。”但从生产效果看，采用这种栽植模式的大樱桃树成活率低，当年生长量小。主要原因是频繁浇水影响地温，妨碍了大樱桃树生根和根系吸收，降低了栽树成活率。

5. 树盘覆盖

树盘浇透水，待水分渗下土层沉实后，将树穴回土培平；或者培土到苗木土痕，微留树穴，但是要有一侧开口，便于树盘排水。随后覆盖银灰色地膜，能起到很好的保湿、增温、防草作用。白色地膜保温保湿效果也很好，只是不防草。出草后地膜很快破损而失去作用，再用除草剂会破坏土壤环境，增加工序、增加成本。黑色地膜覆盖后防草、保湿效果良好，只是不利于提高地温，促进先生根、后发芽，最好还是使用银灰色地膜。这就是起垄 211 栽树技术，起垄栽植，2 次浇水，一肥一膜。

三、大樱桃生态调控技术

大樱桃生态调控技术，包括调控土壤微生态环境、地上植被小气候环境、昆虫生物环境等。

1. 土壤微生态环境

大樱桃树良好生长、环境适应度高、抗逆性强是丰产、稳产、优质的基础，这需要良好的土壤微生态环境条件，如团粒结构好、有益微生物丰富、有机质充足、酸碱度适宜、盐分适度、营养平衡。经过十多年探索、试验研究发现：采用生草覆草技术，可稳定土壤水分，平衡土壤温度，使有机质回田；以足量的海藻生物菌肥、中微量元素肥替代化肥，配合适量腐熟畜禽粪，可快速提升土壤有机质含量；停止施用氮、磷、钾肥料，停止喷雾化学除草剂，可以快速改善土壤环境。

根据树势、结果状况，采用不挖坑，滴灌或者浇灌冲施有机水溶肥、碳肥、氨基酸、生物菌肥，降低了劳动强度，减少了用工，提高了肥料的利用率，果实品质提升，次品率明显降低。

叶面适时适量补肥可提高坐果率，提升果实品质，促壮树势。早春发芽后、开花前喷施螯合铁、优质硼（如绿元素）；谢花后喷施优质钙肥，采果后喷施碳肥、氨基酸；秋后喷施高浓度尿素，促进营养回流、提前落叶，可提高树的抗寒能力。

2. 良好地上植被小气候生态环境

通过合理设置株行距、修剪适宜的树形和生草覆草技术，使大樱桃园小气候相对稳定。由于地表生长一层草，吸收阳光热量，地表温度低，即使夏天中午园区温度也低于周边。由于草的蒸腾作用释放水分，使园区内空气相对湿润，大樱桃树生长良好，也克服了突变天气的不良影响。采用果园生草覆草技术，不用除草剂，可改善生态环境，养护天敌；解决果园杂草问题，减少农药污染；保水、稳水，减轻水土流失程度，提高区域环境湿度，减轻裂果等生理性病害发生程度；稳定地表温度，避免花期高温而产生畸形果；能合成更多有机质，回养土壤，提升地力，减少果实皱缩现象，提高果实品质。生草覆草技术，即园区秋后浇水，促生越冬草。夏季选留当地优势草，待长高后刈割，覆盖树盘。去除攀缘性杂草，如牵牛花、葎草等。麦收或在秋施基肥之后，用玉米秸秆覆盖树盘，厚度 20 厘米，树干两侧可以覆盖 75~100 厘米厚。覆草后注意及时压实，做好防风防火工作。覆草园区施肥，可以直接泼浇或者草下滴灌。覆草还能够延长根系生长时间，促进营养积累，更好地预防和减轻冬季低温冻害。

3. 昆虫生物生态环境

通过生草覆草技术，科学安排用药时机，使用生物农药、专用杀虫剂及低毒、低残留药物制剂，配合生草、养护天敌（包括蛙、鸟、小型昆虫、蜘蛛，微生物类的白僵菌、绿僵菌等），减轻病虫害发生程度，生产绿色产品。

果园生草覆草技术已推广十多年，现在沂南双堠镇3万多亩大樱桃园、桃园，95%的园区已经采用了生草覆草技术。果农特别认可，全套的良好环境技术正在普及。“双堠樱桃”质量有了快速提升，在2020年全国樱桃大赛中取得了八金的好成绩，客户越来越多。“双堠樱桃”得到专家、评委的高度评价，成为大樱桃优良品质的标杆。

四、大樱桃园常年用药技术

大樱桃园重点抓开花前用药，对降低病虫基数，避免果实污染，保证果品安全意义重大。

发芽前喷石硫合剂清园，预防流胶病。有些蚧壳虫（树虱）发生严重的园区，可以喷雾机油乳剂或者矿物油。

铃铛花期喷雾75%一刺清（噻虫嗪·吡蚜酮）6 000倍液+40%氟硅唑5 000倍液+优质硼；开花期、坐果期、果实膨大期、成熟期不需要喷洒农药；采果后（6月中旬）重点保护叶片，防病治虫。或喷雾40%氟硅唑乳油6 000倍液+25%吡虫啉可分散粒剂1 500倍液+金龟原力。

7月上旬喷雾60%吡唑代森联干悬浮剂1 500倍液（或者75%代森锰锌干悬浮剂800倍液+戊唑醇）+阿维菌素+金龟原力。发生蚧壳虫害的树，建议再混合喷雾螺虫乙酯。

7月下旬至8月初喷雾杀菌剂苯甲丙环唑+灭幼脲三号+金龟原力。

多雨年份，8 月中旬喷雾苯甲丙环唑 + 噻虫嗪 + 阿维菌素 + 金龟原力。

五、大樱桃根腐病

大樱桃根腐病是由腐霉根腐菌等弱寄生性真菌侵染而引起的。

【表现症状】病株生长势变弱，新叶黄化或者基部老叶黄化、脱落，或者全株叶片萎蔫，短期内死亡。挖出根系检查，轻则毛细根褐化、枯死，重者较粗的根系表皮腐烂脱落。湿度大时，根际间有白色霉层，根皮有酒糟味或者蘑菇味道。

根腐病

【发病原因】土壤环境恶化是主要原因，低洼积水或者排水不畅导致沤根；过度使用除草剂，影响土壤结构和根系正常生长发育；夏日地表温度过高，烫伤表层根，遇降雨或者浇水后湿度大，容易感染病菌；连续使用化肥过多，造成土壤盐渍化或者酸化，伤害根系，感染病菌；一次性施用化肥过多，或者施用没有充分腐熟的圈肥，烧伤根系而感染病菌；根部受蛴螬、金针虫等地下害虫危害，引起根腐病；新移栽树因树根受冻，晾得过干，浸水时间过长，没有正确使用消毒药剂等，导致栽植后发生根腐病；树根培土过深，影响根系呼吸，引发根腐病等。

【防控措施】

（1）选择优质壮苗，使用井冈蜡芽菌、申嗪霉素、咯菌腈、恶霉灵等处理根系。

（2）采用起垄211栽树技术。

（3）做好园区排水工作，及时浇水。

（4）及时防控蛴螬等根部害虫。

（5）按照生态调控技术，进行科学用肥、生草覆草，改善环境条件，提高杂草对地表温度、湿度、土壤浅层含氧量的调节功能，避免根腐病发生。

（6）科学施肥，保护根系，结合秋施基肥或者早春地面撒施硅钙肥（如金龟二代，100~150千克/亩），增施海藻生物菌肥300千克/亩和腐熟畜禽粪5米^3，创造良好土壤环境，提高钙、硼肥吸收利用率；在果实膨大期冲施生物菌肥、氨基酸、海藻酸、碳肥等，养护土壤，提高根系吸收功能，促进果实快速膨大。

（7）在排除发生原因后，使用井冈蜡芽菌+根旺生物菌灌根，可以缓解病状，逐步恢复树势，也可以用碳肥、海藻酸、氨基酸、腐殖酸等配合浇灌。根腐病发生一段时期内，最好不用氮、磷、钾肥料，以免加重病害。如果是因积水沤根造成，须快速排涝，喷灌清水，冲刷地表沉泥；同时少量用水浇灌药剂，耙松地表土壤，尽可能补充氧气；树上部、根茎部喷雾井冈蜡芽菌 + 太抗几丁等刺激生长，待土壤恢复后再行灌根。

六、大樱桃褐腐病

大樱桃褐腐病菌主要危害果实，也危害叶片、枝条。病残体接触到的组织都会快速发病，2021 年许多园区大樱桃减产 15% 以上。

【表现症状】病菌危害花器，多数花黏连在一起，干枯，悬挂在树上。展叶期叶片多发病，初期病部出现不明显水渍状褐斑，快速扩及全叶，附着灰白色粉状物。嫩果染病，初期出现水烫伤状褐色病斑，快速扩及全果，湿腐而不软化，逐步生出白色至灰白色粉状霉丛（即病菌分生孢子梗和分生孢子），整个果实成为一个大菌核。健康果实接触到病菌，会快速感染发病。病果多悬挂在树梢上，成为僵果。枝条发病，初期在叶柄基部出现褐色斑点，随后扩展至环周表皮发病，上部叶片萎蔫，枝条上部枯死。

【发病原因】大樱桃褐腐病菌为子囊菌亚门、丛梗孢属真菌。病菌主要以菌核越冬，翌年 3 月下旬产生分生孢子，随风、雨、昆虫传播，侵害幼嫩组织，包括新梢和幼果、嫩叶，引起初次侵染。大樱桃褐腐病菌侵染重要条件为微伤口，湿度大、温度低，特别是早春连续阴天、降雨有利于发病。发病较早的年份侵害花器、幼枝，发病较晚的年份侵害果实、叶片等。

褐腐病

【防控措施】

（1）树盘覆草，行间生草，减少病菌孢子释放散发。

（2）早春发芽后，遇到连续阴天、降雨天气，及时喷药防护，如甲基硫菌灵、井冈蜡芽菌、氟硅唑等都有良好效果。结合防治绿盲蝽、蚜虫、炭疽病及提高坐果率，开花前喷雾40%氟硅唑5 000倍液+12.5%井冈蜡芽菌300倍液+75%噻虫吡蚜酮2 000倍液+优质硼，或者果实膨大期喷雾50%甲基硫菌灵500倍液+12.5%井冈蜡芽菌300倍液+75%噻虫吡蚜酮2 000倍液+盖美特。

（3）整形修剪，回缩串行枝，疏除重叠枝；“落头开窗”，提高园区内通风透光条件；雨后及时降低湿度，减轻发病。

七、大樱桃灰霉病

大樱桃灰霉病菌主要危害果实，也危害花器、叶片和枝条。随着保护地大樱桃树栽培面积不断扩大，大樱桃灰霉病不断发生。

【表现症状】病菌危害花器，表现湿腐，逐步产生灰黑色霉层。发病花器掉落在果实、叶片、幼枝上，都能引起感染发病。果实发病初期出现水渍状小斑点，扩大呈灰褐色病斑，逐步产生灰黑色霉层。

【发病原因】大樱桃灰霉病病原为灰葡萄孢霉，是半知菌亚门真菌。病菌在高湿环境下释放孢子，扩散传播。首先侵染衰弱组织，菌量增大后，可以直接侵染生长旺盛组织，引发灰霉病。低温高湿是重要发病条件，谢花期多发病，首先侵染花冠，继而侵害果实，引起烂果。

【防控措施】

（1）棚内大樱桃树也要起垄栽培，树盘覆草或者覆盖地膜，膜下滴灌浇水，以利于降低棚内湿度。

灰霉病

（2）升温时一次性浇透水，开花前后不要浇水，待果实膨大期视墒情酌量浇水。

（3）开花前、浇水前、连续阴天前喷药，如 70% 甲硫乙霉威 500 倍液，10% 啶氧菌酯 1 000 倍液，70% 甲基硫菌灵可湿性粉剂 700 倍液 +10% 多抗霉素 1 000 倍液。

八、大樱桃炭疽病

大樱桃炭疽病菌主要危害果实和叶片，近年来成为造成大樱桃早期落叶的主要病害。

【表现症状】病菌危害果实，在果实硬核期前后、近成熟期发病更重。初期出现暗绿色小斑点，扩大后病斑为圆形、椭圆形

炭疽病

凹陷病斑，逐渐扩展至整个果面，使整个果变黑、收缩变形，以致枯萎。天气潮湿时，在病斑上长出橘红色小粒点，即病菌分生孢子盘和分生孢子。

叶片受害后，初期呈现针尖大小、圆形、半透明斑点，逐渐扩大成灰褐色或灰绿色圆形病斑。后期病斑中部产生黑色小粒点，略呈同心轮纹排列，叶片病健交界处明显。发病后期叶穿孔，脱落。田间常见中上部叶片发病重，叶片边缘或者叶脉部位出现集中连片病斑，与日灼伤有关。病叶黄化，提前脱落，会影响树势，降低抗寒能力和移栽成活率。新枝染病多向一侧弯曲，严重时病梢上的叶片萎蔫下垂，向正面纵卷成筒状。

【病原及侵染规律】病原为半知菌亚门、圆孢属真菌。病菌主要以菌丝体在病梢和树上僵果、落叶中越冬。翌年3月下旬病菌产生分生孢子，随风雨传播，侵害幼嫩组织，包括新梢和幼果、嫩叶，引起初次侵染。果实、叶片发病程度较轻。随着6月后日照增强、降雨量增加，出现较严重的再次侵染，持续到9月。多次反复侵染，主要侵染叶片，尤其是嫩梢和中上部的功能叶。再次侵染有一个明显的特点，就是与叶片日灼伤程度有关。中上部功能叶的叶缘与脉间，炭疽病斑为明显的日灼伤分布型，所以大樱桃炭疽病的侵染与高温日灼伤有直接关系。

【防控措施】

（1）在多雨高湿条件下园区易发病。谢花后1周，喷雾70%甲基硫菌灵可湿性粉剂700倍液+盖美特+噻虫嗪。

（2）实施生草覆草技术，创造良好的果园小气候环境。结合秋施基肥或者早春地面撒施硅钙肥，如金龟二代100~150千克/亩，注意增施海藻生物菌肥300千克/亩，发酵腐熟畜禽粪5米^3，创造良好的土壤环境，提高钙、硼吸收利用率。在果实膨大期冲施生物菌肥、金龟原力、氨基酸、海藻酸、碳肥等，养护土壤，促生根系，提高根系吸收功能；促进果实快速膨大，增强树势。及时浇水，避免日灼伤，减少病菌侵染机会。其他防控措施同灰霉菌病。

（3）改善修剪措施，各主枝背上徒长枝不可从根疏除，尽量重短截，促发中小枝，培养成中小枝，有利于结果、遮阴，减轻日灼伤程度，降低炭疽病发生率。

九、大樱桃褐斑病

大樱桃褐斑病主要危害叶片，可引起早期落叶。

【表现症状】叶片受害后，初期呈现针尖大小带紫色斑点，逐渐扩大为褐色不规则病斑，后期病斑中部产生黑色小粒点。

【发病原因】大樱桃褐斑病病原为半知菌亚门、链格孢属真菌。病菌主要以菌丝体在病残组织越冬。翌年4月下旬病菌产生分生孢子，随风、雨、昆虫传播，侵染发病。6月后降雨频繁，长时间环境湿度大时发病重；干旱少雨时发病轻。

【防控措施】起垄栽树，建好园区排水系统。在多雨年份增加喷药次数，少雨年份适当减少喷药次数。

通常采果后，全园喷雾40%氟硅唑乳油6 000倍液+25%吡虫啉可分散粒剂1 500倍液+金龟原力。

7月上旬喷雾60%吡唑代森联干悬浮剂1 500倍液（或者75%代森锰锌干悬浮剂800倍液+戊唑醇）+阿维菌素+金龟原力。发生蚧壳虫害的树，建议再混合喷雾螺虫乙酯。

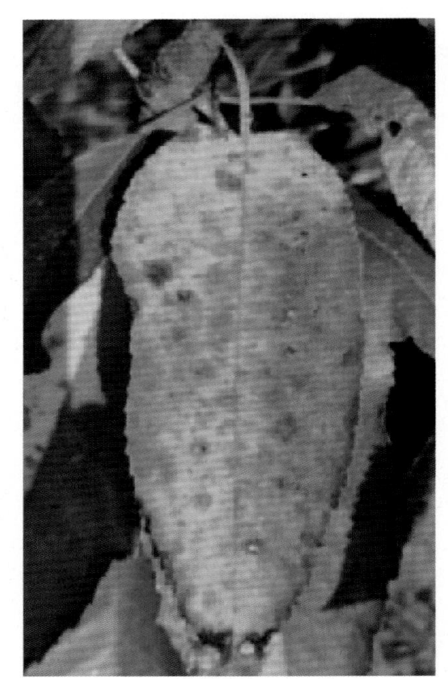

褐斑病

7 月下旬至 8 月初喷雾杀菌剂戊唑醇 + 灭幼脲三号 + 绿元素。

多雨年份，8 月中旬喷雾吡唑代森联 + 噻虫嗪 + 吡虫啉 + 绿元素。

十、大樱桃皱叶病

大樱桃病毒病种类很多，如红灯大樱桃皱叶病发生程度就较重。

【表现症状】红灯大樱桃皱叶病毒病，主要表现为叶片皱缩，表面波状隆起如锉状，也叫锉叶病毒病。发生严重形成莲座状丛枝，不能正常分化花芽，或者发育成畸形花。即使开花，也不能坐果。十年生及以上大樱桃树，红灯品种发病率在 70% 以上，严重影响产量。

【发生原因】与大樱桃品种代谢机理有关；过度使用氮、磷肥，树体徒长，抗病性下降；大量结果后树势衰弱，易感染病害。

【防控措施】推广齐早、福晨等早熟优质大樱桃品种，替代红灯；高接换头，将已经发病的红灯樱桃树，高接换头为其他品种，如布鲁克斯、美早、萨米脱、黄蜜、红南阳等，生长结果良好。

强壮植株，提高抗性。经过连续试验，使用有机水溶肥金龟原力 1 千克，配合绿元素 60 克，兑水 30 千克冲施。每年分别于早春发芽前、4 月中旬坐果后、6 月中旬采果后、10 月冲施肥料，连续 2 年，皱叶病毒病症状明显消失，逐步恢复产能。

皱叶病毒病症状明显消失

十一、大樱桃流胶病

大樱桃流胶病是大樱桃树主干和主枝流出黄白色、半透明的胶状物，皮层及木质部变褐色，导致树势衰弱，严重时干枯死亡。该病为生理性病害，一般在春季树液流动时开始发病。

【表现症状】大樱桃流胶病多发生于主干和主枝，严重时幼枝也能发病。初发期感病部位略膨胀，逐渐流出柔软、半透明的胶状物，湿度越大发病越严重。胶状物逐渐变黄褐色，干燥时变黑褐色，表面凝固。严重时树皮开裂，皮层坏死，附着胶状物，影响营养供给，导致树势衰弱、叶色变黄，甚至整树死亡。

大樱桃流胶病

【发生原因】

（1）果园积水：因沤根发生流胶病，发生快，面积大。通常在大雨过后或者雨后排水不良时发病。

（2）冻害：冻害造成流胶病，通常发生在早春发芽前后，不同地块、品种之间有明显差异。通常在风口处、果园西北侧、低洼地块发病重，不抗冻品种发病重。

（3）缺钙：缺钙造成的流胶病发生普遍，通常症状较轻，往往伴随着果实流胶、裂果。长期偏施化学肥料，土壤有机质含量低，果园土壤条件恶化，早期温度低、干旱等，影响根的发育和吸收功能，都能导致树体缺钙，发生流胶病。

（4）果园郁闭：通风透光差、长时间湿度大时，病菌感染而引起流胶病。

（5）栽植过深：栽植过深或者挖沟时二次培土，造成培土过深，影响根系呼吸，导致流胶病。

（6）虫害：如茶翅蝽、绿盲蝽等刺吸造成幼枝、幼果流胶；皮蠹虫危害老龄树、衰弱树，造成主干、老枝流胶。

【防控措施】针对发生原因，采取相应措施防控，不盲从会一次治愈。

（1）因积水沤根造成的流胶病：快速排涝，喷灌清水以补充氧气，冲刷地表沉泥。同时少量用水浇灌药剂，耙松地表土壤。选用井冈蜡芽菌＋盖美特全树喷雾，流胶严重部位可以高浓度涂抹药剂，防控效果更好。

采用起垄211栽树技术；按照生态调控技术、良好土壤环境法，科学用肥、生草覆草。足量施用海藻生物菌肥＋金龟二代中微肥，活化土壤、补充钙素，可以预防缺钙、轻度冻害、高温干旱等原因造成的流胶病。

（2）因树体郁闭、通风透光差、排湿困难造成的流胶病：建议适当间伐、大枝回缩，降低树层高度，同时喷雾苯醚甲环唑、井冈霉素、氟硅唑等。

（3）因细菌感染造成流胶病：枝干喷雾噻森铜、络氨铜。

（4）因蟒象等虫害造成的流胶病：注意开花前喷雾噻虫嗪、噻虫吡蚜酮或者硼钙肥，因皮蠹虫造成的流胶病，可以选用高效氯氰菊酯＋奥得腾＋井冈蜡芽菌＋盖美特，5月1日前后树干喷雾。

经连续多年试验，早春用石硫合剂喷雾树干，有较好的预防流胶病效果。在排除流胶诱发因素后，局部喷雾或者涂抹 2% 井冈蜡芽菌（8 亿个 / 克）50 倍液 + 盖美特 100 倍液，有较好的防控效果，可以反复喷涂。

十二、大樱桃树幼叶黄化

早春大樱桃树常发生幼叶黄化现象，会影响生长发育和花芽分化。

【表现症状】大樱桃树早春萌发的叶片多出现黄化，如叶脉绿色、脉间组织黄化现象，即缺铁症。有些园区在 7~8 月也出现类似的叶片黄化，常伴有树势衰弱、叶片变小、枝条细弱等。

【发生原因】大樱桃树早春叶片黄化，通常是因上一年秋季多雨积水沤根，秋后施肥不当，冬天低温冻害，或者遭受天牛危害、根部腐烂等。7~8 月发生的叶片黄化，与多雨积水、根呼吸代谢障碍有关。

【防控措施】

（1）叶面喷雾绿元素（含螯合铁）+ 太抗几丁，加快恢复。

（2）查找原因，若近期施肥不当造成的，可冲施根旺生物菌，缓解肥害，促进生根，提高根系吸收功能，从根本上解决问题。

（3）如因冻害、上一年积水沤根、施肥不当等造成幼叶黄化，可冲施井冈蜡芽菌 + 根旺生物菌，或者金龟原力等；或者选用恶霉灵、申嗪霉素、咯菌腈等杀菌剂，混合施用根旺生物菌、金龟原力、海藻酸、氨基酸等肥料。不可使用氮、磷、钾肥料，以免加重伤害。

黄化叶

（4）生长后期出现的叶片黄化，通常是因为浇水或降雨频繁、排水不良、轻度沤根等造成，可少浇水，耙松地表土壤，提高通气性，然后采取上述喷雾、灌根措施，及时救治。

（5）全程采用生态调控技术，可以很好地避免叶片黄化，快速恢复树势。

十三、大樱桃树落花落果

大樱桃树坐果一直是生产上的重要问题，不同园区、不同年份差异显著。

【表现症状】大樱桃树开花后不能正常坐果，花柄、花器黄化脱落；或者果实膨大后不能正常发育，黄化脱落，导致产量下降。

【发生原因】

（1）授粉树配置不当、授粉不良，不能正常坐果。通常是授粉树比例不足，授粉树与品种树花期不遇，授粉树与品种树为相同S基因型。

（2）树势衰弱或者徒长，果实发育时营养不足。

（3）上一年秋后积水、早期落叶，遭受冻害，导致花器发育不良，坐果率下降。

（4）花期遇到“倒春寒”，如冻害或者大风、阴雨天气，导致坐果率低，甚至绝产。

（5）花期遇到高温天气。大樱桃树花期白天气温在25℃以上，开花后柱头快速干缩，会严重影响坐果率，降低产量。2022年山东临沂大樱桃产区减产40%以上，重要原因就是4月9日、4月10日、4月11日3天持续高温（26~31℃），此时正是大多数大樱桃树的盛花期。

落果

（6）开花前或者花期用药不当，会影响坐果率。在开花后喷雾有机磷农药如毒死蜱等，会显著降低坐果率。

【防控措施】

（1）严格按照大樱桃品种的 S 基因型与开花期搭配授粉树，以 1∶8~1∶12 为好。

（2）落实良好环境管理技术，选择非低洼地建园，起垄栽植，建设排灌系统，及时喷药保护叶片，奠定翌年丰产基础。

（3）因树修剪，稳定树势，合理负载，保持生长和结果的良好平衡。

（4）秋分时全园浇水，促发越冬草。翌年早浇开冻水，促进越冬草返青。培植花期良好的植被，结合花期用微喷带喷水，降低花期温度，增加湿度，提高坐果率。

（5）注意天气预报，花期遇“倒春寒”，可以通过熏烟、微喷带喷水等措施减轻冻害程度。

（6）正确选择开花后用药，增加硼肥、促控剂 PBO 等，补充营养，提高坐果率。盛花期最好不要喷药，以免冲蚀花粉、损伤柱头，降低坐果率。采取人工辅助授粉措施，提高坐果率，增加产量。

十四、大樱桃幼树枯叶干芽

大樱桃生产中常见生长旺盛的幼树中下部叶片萎蔫，有些芽干枯，叶丛枝死亡，仔细检查也找不到虫害病斑。

【表现症状】大樱桃幼树生长夏秋阶段，出现中下部叶片萎蔫、青枯，新芽枯死，而植株生长旺盛，枯死部位没有病斑。

幼树中下部叶片萎蔫、芽干枯

【发生原因】

（1）树体生长不平衡，上部枝条生长过旺或者徒长，发枝量大。

（2）拉枝开角不当，上部旺长枝条较多，开张不到位，直立性强。

（3）土壤贫瘠，总养分供应不足。

（4）树体上部旺长枝量大，下部叶丛枝、叶片附近缺乏相应的枝条。

【防控措施】

（1）落实良好环境管理技术，足量施用基肥、冲施肥，满足营养供应。

（2）适当矮定干，下部可通过刻芽增加枝量。

（3）上部旺长枝条及时撑拉，开张角度，控制徒长，平衡树势。

十五、大樱桃畸形果

大樱桃畸形果常见“双胞胎”“三胞胎”等，尽管也有产量，但是卖价低，严重影响经济效益。

【表现症状】大樱桃树开花后，花内雌蕾有 2 个或者多个子房，即双雌蕊或者多雌蕊。谢花后，在一个果柄上同时着生 2 个到多个幼果，即单柄联体双果或者多果。有的多个幼果发育一致，还有食用价值。有的只有 1 个幼果发育，其他果在偏侧干缩，影响食用价值。

【发生原因】大樱桃畸形果是花芽分化过程中雌蕊原基分化不正常造成的。花芽发育期（6~8 月）遇异常高温，是引起翌年出现畸形花、畸形果的原因。由于温度过高、日照过强或者树势衰弱、土壤环境不良等原因，导致花芽发育过度，形成“多胞胎”畸形果。

畸形果

通过田间调查，发现若在花芽形成期遇到30℃以上的持续高温，翌年畸形果的发生率就会大大增加。品种之间有差异，红灯等品种发生重，齐早、布鲁克斯、红南阳、黄蜜等品种发生轻。

大樱桃树新梢中上部叶片日灼伤会加重穿孔病的发生程度；中后期叶片急性青枯、干枯，会加重炭疽病发生程度；处于膨大期的果实，出现日灼伤斑点，影响转色和膨大；处于转色期的果实不能正常着色；近成熟期遇高温干旱，会使果面失水、凹陷、褐化，降低商品价值。

【防控措施】

（1）选择大樱桃抗性品种、早熟品种，建议选择齐早等抗畸形果品种。

（2）合理树型修剪，适当增加二层、三层枝量，发挥较好的遮阴、调节光照强度作用。

（3）生草覆草，增加水分蒸发量，降低环境温度，确保花芽良好分化。

（4）遇夏季旱情，要及时浇水。特别是高温期，最好启动微喷系统，喷水降温，充分利用叶片的蒸腾作用，降低叶面、环境温度。

（5）创造良好的土壤环境条件，科学施肥，保护根系。

（6）大棚栽植樱桃树，还可以在加大通风的基础上，棚膜喷涂防晒降温剂，或者悬挂半幅遮阳网，遮阴降温。通过微喷带喷水，避免高温伤害。避免花芽过度分化，降低“多胞胎”畸形果发生率。

大樱桃树日灼伤

十六、大樱桃裂果

大樱桃裂果

大樱桃裂果就是果皮开裂、果肉外露。

【表现症状】大樱桃进入成熟转色期，表皮纵向开裂和横向开裂，有的绕梗洼环状开裂。裂口有深有浅，深的直达果核，有一道裂口或者多道裂口。

【发生原因】

（1）多数硬肉品种容易发生裂果，如布鲁克斯、美早、福晨等。

（2）进入果实膨大后期，果农特别担心裂果而长时间不敢浇水，遇到降雨或者浇水过量，容易发生裂果。

（3）钙肥使用不足，或者土壤环境因素而不利于钙素吸收，表现为缺钙裂果。

（4）修剪过重致多数大樱桃暴露，遇强日照时果皮发育迟滞，果肉吸水膨大速度过快而引起裂果。

【防控措施】

（1）选择抗裂果品种，如齐早、早甘阳、先锋、红南阳、黄蜜等。

（2）采用生草覆草等系列生态调控技术，特别是注意增加树盘、株间覆草量，稳定土壤水分供应，可以有效减轻裂果现象。通过试验对比，树盘覆草是防控因水分波动过大造成裂果的最佳措施，效果明显。

（3）采用生态调控施肥技术。

（4）在早春低温、干旱年份，开花前后注意树上喷雾硼、钙肥。

（5）遇夏季旱情时，及时浇水。采用滴灌方式，少量勤浇，保证果实水分供应充足，即使突然降雨，也不会因过度吸水而发生裂果。

（6）大棚栽植大樱桃树，要采用支撑方式调整大棚膜上滴水位置，最好水滴落到草堆上，避免水滴落到果实上而引起裂果。

十七、大樱桃绿盲蝽

【形态特征】绿盲蝽成虫体长5毫米、宽2.2毫米，绿色，密被短毛；头部三角形，黄绿色，复眼黑色突出，无单眼。触角4节，丝状，较短，约为2/3体长，第2节长等于第3、4节之和，向端部颜色渐深。第1节触角黄绿色，第4节触角黑褐色。前胸背板深绿色，分布有许多小黑点，前缘宽。小盾片三角形微突，黄绿色，中央具一浅纵纹。前翅膜片半透明、暗灰色。卵长1毫米，黄绿色，长口袋形，产于枯枝皮缝内。若虫与成虫相似，大龄若虫有翅芽，没有翅。初孵幼虫黄绿色，复眼桃红色，长大后鲜绿色。绿盲蝽羽化后1~2天即可交尾产卵，在嫩叶、叶柄、嫩茎、果实等处产卵，卵盖外露，卵散产，每处2~3粒，平均每雌虫产卵286粒。9月上旬，大量成虫和少量若虫 陆续迁回果园产卵越冬。

绿盲蝽危害新梢

绿盲蝽若虫

果实受害状

【发生规律】绿盲蝽一年发生 3~5 代，以卵在树上枯枝裂缝内越冬。翌年 3 月中旬逐步孵化小幼虫。通常在大樱桃园发生 1 代，危害 40 天左右。成虫转移到其他植物上生存繁殖，9 月底陆续返回大樱桃园产卵越冬。绿盲蝽成为果树主要害虫，是因为采取清耕制，绿盲蝽失去了原有的食物，只能到果树上取食繁育。

【危害特点】绿盲蝽主要危害幼芽、幼叶和幼果，以口针刺吸汁液，留下圆形、红褐色小斑点。叶片出现穿孔，大量穿孔连片而撕裂。

【防控措施】

（1）冬季修剪时，清除树上的干枯枝条、干橛，减少越冬卵基数。

（2）绿盲蝽成虫对性诱剂有很好的趋性，可以在秋季于大樱桃园外围多悬挂诱捕器，捕杀来园产卵的成虫，降低虫口基数；春季再次挂设，控制成虫发生量。

（3）在绿盲蝽幼虫孵化期、危害初期，喷雾噻虫嗪、吡蚜酮、噻虫胺、呋虫胺等药剂。

（4）浇水养草，分散危害。于上一年 10 月园区大水漫灌，促进越冬草萌生，丰富翌年春季果园草资源，为绿盲蝽提供更多的食物，减少树上发生量；并能繁衍天敌，控制绿盲蝽虫口基数。

十八、大樱桃树虱

大樱桃树虱主要为桃白蚧、草履蚧等。

【形态特征】桃白蚧又称桑盾蚧、桑白蚧，为同翅目、盾蚧科，是大樱桃、桃、李、杏、梅等核果类果树的重要害虫之一。雌成虫橙黄或橙红色，体扁平卵圆形，长约 1 毫米，腹部分节明显。雌成虫蚧壳圆形，直径 2.0~2.5 毫米，略隆起，有螺旋纹，灰白至灰褐色，壳点黄褐色。雄成虫橙黄至橙红色，体长 0.6~0.7 毫米，仅有翅 1 对。雄成虫蚧壳细长，白色，长约 1 毫米，背面有 3 条纵脊，壳点橙黄色，位于蚧壳的前端。卵椭圆形，长仅 0.25~0.30 毫米。初产时淡粉红色，渐变为淡黄褐色，孵化前橙红色。初孵若虫淡黄褐色，扁椭圆形、体长 0.3 毫米左右，可见触角、复眼和足，能爬行，腹末端具尾毛两根，体表有棉毛状物遮盖，称为“游走仔”。若虫脱皮之后眼、触角、足、尾毛均退化或消失，开始分泌蜡质蚧壳，在蚧壳下取食生长，所以较难防治。该虫以群集形式固定危害，以口针插入树体新皮，吸食汁液。卵孵化时，枝干上随处可见发红的若虫群落，难以计数。枝干上蚧壳密布重叠，枝条灰白，凹凸不平。被害树树势严重衰弱，枝芽发育不良，甚至枝条或全株枯死。若不及时防治，3~5 年全园毁灭。

桃白蚧初孵若虫——“游走仔”

【发生特点】

（1）桃白蚧：山东一年发生 2 代，以 2~3 龄若虫在蚧壳内越冬。翌年春季气温回升，若虫开始取食危害。5 月中旬若虫羽化成虫，交尾产卵，大量虫卵产于蚧壳下面。卵期 1 周左右，孵化出幼虫，陆续转移，寻找食物资源充足的树干背阴处，固定、脱皮形成蚧壳，长出口针取食危害。8 月发生第二代。由于桃白蚧有厚厚的蚧壳保护，药剂难以渗透，常规药剂防治效果差。

桃白蚧越冬若虫及其蚧壳

草履蚧

（2）草履蚧：又称草履硕蚧、草鞋蚧壳虫、草鞋虫等，为同翅目、草履蚧属，是一种食性杂、分布广、危害重的刺吸式口器害虫。草履蚧除危害大樱桃、核桃、桃、梨、苹果、杏、李、枣等核果类果树外，还危害香椿、刺槐、白蜡、杨、柳、雪松、法桐等树木。树木受害后，树势衰弱、枝梢枯萎、发芽迟缓、叶片早落，甚至枝条或整株枯死，造成巨大的经济损失。

雌成虫体长 7.8~10.0 毫米，宽 4.0~5.5 毫米，椭圆形，形似草鞋。背略突起，腹面平。体背暗褐色，边缘橘黄色，背中线淡褐色。触角和足亮黑色。体分节明显，胸背可见 3 节，腹背 8 节，多横皱褶和纵沟。体被细长的白色蜡粉。雄成虫体紫红色，长5~6毫米，翅1对，翅展长约10毫米，淡黑至紫蓝色，前缘脉红色。触角10节，除基部2节外，其他各节均生有长毛；头部和前胸红紫色，足黑色。卵椭圆形，长约1毫米，初为淡黄色，后为黄褐色，外被粉白色卵囊。若虫体灰褐色，外形似雌成虫，初孵时长约2毫米。蛹体圆筒状，长约5毫米，褐色，附着白色棉絮状物。

草履蚧一年发生1代，以卵和初孵若虫在树干基部土壤中越冬，以背阴侧5厘米土深处居多。越冬卵于翌年2月上中旬开始孵化，若虫出土后爬上树干，取食嫩枝、幼芽。低龄若虫不活泼，喜在树洞或树杈等处隐蔽群居；3月底至4月初若虫第一次蜕皮，开始分泌蜡质物；4月下旬至5月上旬雌若虫第三次蜕皮后，变为雌成虫，并与羽化的雄成虫交尾；至6月中下旬雌成虫下树，钻入树干周围石块下、土缝等处，分泌白色卵囊，产卵其中，分5~8层，有100~180粒。

【防控措施】

（1）桃白蚧：根据其发生危害特点，在不同时期采取不同防控措施。

①在休眠期用机油乳剂30倍液，全树枝干喷雾。在蚧壳外围形成油膜，造成桃白蚧窒息死亡，发挥物理杀虫作用。

②抓住初孵若虫（“游走仔”）最佳防治时机，在每年的小麦黄穗期、8月中旬前后，喷雾触杀性兼内吸性虫剂，如阿维菌素+噻虫嗪，或者噻虫·吡蚜酮、噻虫·呋虫胺，以及噻虫胺、噻嗪酮等。

③在生长旺盛期，对叶片喷雾内吸性杀虫剂（如螺虫乙酯、噻虫胺、呋虫胺等），通过叶片吸收传导至全树体，发挥杀虫作用。

通常用药 1 周后开始死虫，少量果树发生虫害。在采果后树下浇灌噻虫嗪稀释液，通过内吸向树体上部传导，发挥杀虫作用。

（2）草履蚧：草履蚧生活方式独特，可在 2 月中旬在树干中下部涂防虫环，控制其上树危害，用食用油、粘虫胶带等消杀。上树的草履蚧，可参照桃白蚧防控措施。

第三章　苹果病虫害生态调控技术

一、苹果园生态调控技术

老果农管理苹果园都比较按部就班，按时施肥、修剪、打药清园、疏果、套袋。但缺少了变通，几十年不变的秋施氮、磷、钾肥料，疏除徒长枝条，一遍遍连续打药，致使苹果园环境逐渐恶化。苹果园生态调控技术，包括土壤微生态环境、地上植被小气候环境、昆虫生物环境等调控技术，充分分析果树生长环境条件，解决果园实际存在的问题。

1. 土壤微生态环境调控技术

（1）基础用肥：苹果良好生长，环境适应度高、抗逆性强，是丰产、稳产、优质的基础，这需要土壤团粒结构好，有益微生物丰富，有机质充足、酸碱度适宜、盐分适度、各种营养平衡。经过十多年的试验研究，采用生草覆草技术，对于稳定土壤水分和温度、有机质还田有良好效果；以足量的海藻生物菌肥、中微量元素肥替代化肥，配合适量的腐熟畜禽粪，可快速提高土壤有机质含量；停止施用氮、磷、钾肥料和喷雾化学除草剂，可以更好地保护和改善土壤环境。

（2）追施肥料：采用不挖坑施肥技术，滴灌或者浇灌金龟原力等有机水溶肥、碳肥、氨基酸、生物菌肥，降低了劳动强度，减少了用工，提高了速效性和均匀度，果实品质提升，次品率明显降低。

（3）叶面喷肥：叶面适时适量补肥可提高坐果率，提升果实品质，促壮树势。早春发芽后、开花前喷雾螯合铁、优质硼，谢花后喷雾优质钙肥。采果后喷雾碳肥、氨基酸，秋后喷雾高浓度尿素，可以提前落叶、积累营养，奠定翌年丰产基础。

2. 地上植被小气候环境调控技术

（1）通过合理设置株行距，修剪适宜的树形，采用生草覆草技术，使苹果园小环境气候相对稳定。由于地表有一层草生长，能吸收阳光热量，地表温度低，即使在夏季中午园区温度也低于周边。由于草的蒸腾作用释放水分，使园区内空气相对湿润，果树良好生长，也降低了生理性病害的发生率。

（2）采用果园生草覆草技术，秋后浇水，促发越冬杂草生发，拔除攀缘性杂草如牵牛花、葎草等。待草长高到 50 厘米时刈割，集中覆盖在树盘内，厚度 20 厘米。或在果园秋施基肥后，用小麦、玉米秸秆进行树盘覆盖，厚度 20 厘米，树干两侧厚度为 75~100 厘米。覆草后注意及时压实，做好防风防火工作。覆草园区施肥可以直接泼浇或者草下滴灌，覆草后能够促进根系生长、积累营养。

3. 昆虫生物环境调控技术

通过生草覆草技术，科学掌握用药时机，使用生物农药、专用杀虫剂及其低毒、低残留药物制剂，创造良好生物链环境；供给害虫充足食物资源，培育和保护天敌，包括蛙、鸟、蜘蛛、白僵菌和绿僵菌（微生物）等，使虫口基数稳定在较低水平，保护了果园环境。

4. 生态调控辅助措施

（1）花前用药：苹果园花前要足量用药，清除越冬菌，降低苹果棉蚜、瘤蚜、黄蚜、红蜘蛛、绿盲蝽等基数，防治白粉病、霉心病，为减少谢花后、套袋前的用药种类，提高安全性，果面“靓”奠定基础。

（2）谢花后、套袋前用药：用药要“优、稀、勤”，“优”就是选择优质、高效、安全的农药。“稀”就是用药浓度要低，不随便提高用药浓度。需要混配用药的，分别适当降低各种药的稀释浓度，再混合。如选用 75% 蒙特森可分散粒剂 1 200 倍液和 70% 甲基硫菌灵可湿性粉剂 1 000 倍液混合喷雾，而不能是 75% 蒙特森 800 倍液 +70% 甲基硫菌灵 700 倍液。“勤”就是要多次喷药，缩短间隔期。幼果期苹果脱毛，出现许多微伤口，是病害侵染的重点时期，降雨、大雾都有可能引起病菌侵染，稍有不慎，将导致后期大量烂果。特别是套袋操作的，后期没法补救。要注意用药勤，通常谢花后、套袋前用药 3~4 遍，间隔期 7~12 天。禁用普通乳油类药剂、刺激性强的药剂、不明成分和不安全药剂，通常不要超过 5 种药剂混用。

果面“靓”已经成为重要指标。幼果期使用杀菌药剂要求效率高，及时预防虫害。虫害较重时要轻度用药，适当控制，不要期望“斩尽杀绝”；虫害较轻、没有防治价值的，不要用药防治，暂且留着，等待套袋后一次性解决。切不可以没虫乱用药，称有虫治虫、没虫防虫，妄自增加幼果期用药量，增加化学药品的投入。

（3）套袋后用药要全。套袋后第一遍要使用清水药（即常规杀菌药，相对于波尔多液讲是清水药），绝对不可以用波尔多液。不可以混用农药，而刺激螨害暴发。我们首先要考虑叶部病害进入侵染高峰期，套袋操作间隔时间较长，没能及时喷杀菌保叶药剂的，要选择内吸性杀菌剂。再考虑随后的其他农事操作，如麦收、夏播等，需要混用保护期较长的杀菌剂（如噁唑菌酮等）。套袋后果实不容易受药物刺激而发生异常变化，对前期留下来的虫害全面清算，如青虫、潜叶蛾、蚜虫等，选用 2 种杀虫剂防治。树体供应营养考虑氨基酸、钙硼等。这遍药打完后可以喷雾波尔多液覆盖，也可以继续喷清水药。

苹果套袋后用药重点是保护叶片，通常喷雾 4 遍优质杀菌剂就没有问题。多雨的年份病菌侵染发病率高，药剂持效期变短，一定要注意增加用药次数；相反，干旱少雨年份可以减少用药次数。另外，对炭疽叶枯病敏感的苹果品种如金帅、嘎啦、乔纳金、秦阳、维纳斯黄金等，要套袋后喷药 5~6 次，并且每次用药都要增加多菌灵、甲基硫菌灵、吡唑醚菌酯、唑类杀菌剂等，以防治炭疽病。结合良好环境栽培技术，可以保护苹果树不落叶。在沂南湖头镇苹果园，炭疽叶枯病已经被逐步克服了。

苹果开袋后，如有预报天气阴雨，需要及时喷药，最好当天开袋、当天喷药；如果天气晴朗干旱，可以不喷药。必须喷药时，注意“稀、优、清”，尽量不污染果面。

5. 苹果园用药

（1）喷干枝清园，40% 氟硅唑乳油 5 000 倍液 +25% 噻虫嗪 500 倍液，以强内吸杀菌剂为主，配合防治苹果棉蚜用药。

（2）铃铛花期喷雾 75% 一刺清 6 000 倍液 +40% 氟硅唑 6 000 倍液 + 优质硼 + 四螨三唑锡或奥得腾（根据虫螨情况使用）；

防治蚜虫、绿盲蝽等，二次清园，预防腐烂病、枝干轮纹病、干腐病、褐腐病、白粉病、霉心病等，提高坐果率。根据红蜘蛛发生情况选择混用杀螨剂，或者合二为一，只喷第二遍药剂。

（3）谢花后、套袋前，用药 3~4 遍；谢花后 7~10 天，喷雾 75% 蒙特森 1 200 倍液 +70% 甲基硫菌灵 1 000 倍液 + 盖美特 + 吡虫啉；间隔 10 天，喷雾 40% 氟硅唑 6 000 倍液 + 盖美特；间隔 10 天，喷雾 75% 蒙特森 1 200 倍液 +70% 甲基硫菌灵 1 000 倍液 + 盖美特 + 一刺清 + 奥得腾；间隔 10 天，喷雾 75% 蒙特森 1 200 倍液 +70% 甲基硫菌灵 1 000 倍液 + 盖美特。

（4）套袋后马上喷药 4~6 遍。如喷雾 43% 戊唑醇 5 000 倍液 +68.75% 噁唑菌酮锰锌 1 500 倍液 +15% 阿维乙螨唑 2 000 倍液 + 灭幼脲三号 + 吡虫啉，1：2：200 波尔多液，60% 吡唑代森联 1 500 倍液 +15% 阿维乙螨唑 2 000 倍液 + 氨基酸，80% 代森锰锌 800 倍液 +80% 多菌灵 800 倍液 + 海藻酸，40% 氟硅唑乳油 4 000 倍液 +80% 代森锰锌 1 000 倍液 + 海藻酸。用药期间根据虫螨发生情况，混配杀虫杀螨药剂。

苹果生长后期，在保护好叶片的同时，注意选用颜色浅、毒性低的农药。如 7 月中下旬，喷雾 60% 吡唑代森联 1 000 倍液 + 海藻酸；8 月上中旬，喷雾 43% 戊唑醇 3 000 倍液 +50% 多菌灵 500 倍液 + 奥得腾；8 月底，喷雾 40% 氟硅唑 6 000 倍液 + 井冈蜡芽菌 + 磷酸二氢钾。

6. 苹果园生态调控技术良好应用效果

近 10 年来我们在许多苹果园推广使用了生态调控技术，都取得了非常好的效果。如沂南县湖头镇苹果园，通过连续 4 年秋施海藻生物菌肥和金龟二代，没有用氮、磷、钾肥料，园区土壤松散、土色变黑，草下白根密布。苹果没有了黑点病，果皱缩、果锈也没有了；果面“靓”，个头大且均匀，直径超过80毫米以上的苹果占了70%。与使用3袋复合肥效果相比较，直径80毫米以上的苹果仅占65%，只是特大果更大。采用生态调控技术，苹果亩产量3 500千克，比常规管理产量3 300千克明显提高，果香更浓郁。树上枝条粗短，叶片厚、亮，没有了徒长条，花芽饱满，连年丰产稳产，积累了许多固定客户。

二、苹果园土壤问题及防控措施

目前苹果园有许多疑难杂症，如黑点病、果皲裂、果僵化、日灼伤、花叶病、干腐病、腐烂病等，多数与土壤环境恶化有关。土壤环境的恶化，与人们多年来积累的用肥、土壤管理观念有关。

1. 重化肥，轻有机肥；重大量元素（氮、磷、钾）肥料，轻中微量元素肥料

20世纪70年代用碳铵果树就能长得很好，后来用磷酸二铵果树长得更好。再后来用氮、磷、钾复合肥，果农以为果树需要的三大元素，每年都补得足足的，静等着收好苹果就行了。其实不然，果树生长结果需要16种必需营养元素，包括碳（C）、氢（H）、氧（O）、氮（N）、磷（P）、钾（K）、钙（Ca）、镁（Mg）、硫（S）、铁（Fe）、硼（B）、锰（Mn）、铜（Cu）、锌（Zn）、钼（Mo）、氯（Cl）。另外，根据树种、品种特点还需要其他微量元素。氮、磷、钾是需要施肥补充的大量元素；钙、硅、镁、硫是需要施肥补充的中量元素；铁、硼、锰、锌、钼、氯是需要

施肥补充的微量元素；碳、氢、氧来自土壤、水、空气，不需要人为补充也能获得。以上16种元素在作物生长过程中，是同等重要和不可代替的。无论是大量元素，还是微量元素，缺乏任何一种元素都会影响果树的正常生长。如果一种元素缺乏，即使其他元素施用的再多，也不能弥补其对果树品质和产量的影响。也就是说，果树产量、品质受缺乏元素的制约，此时不用增加其他元素，仅将缺乏的元素补充一些，果树的产量、品质就会有很大提高。我们不妨把果树所必需的16种元素比喻成16根宽窄不同的木条，做成木桶来盛水。当16根木条一样高时盛水最多，如果木桶的某根木条矮一截，所盛的水要受这一根矮的木条限制，无论你再加更多的水，都会从木桶低的位置流出去，永远盛不满，这就是施肥的木桶原理。木桶原理说明，果树生长需要均衡营养、平衡施肥，所有元素不缺乏，果树才能生长健壮，达到品质好、产量高的目的。

同时果树根系生长发育、对营养元素的吸收，需要良好的土壤环境条件，包括通气性、含氧量、营养水平、调节能力、元素交换环境、有益微生物种群数量及活跃度等。如果果园土壤酸化、板结、盐渍化，即使一些营养元素在土壤中存在，果树也不能吸收，照样表现为缺素，这些都是用土壤肥力表达的信息。因为土壤肥力主要依赖于有机质水平、有益微生物群落及活跃度，所以，足量施用有机肥、生物有机肥是必要条件。需要全面补充各种营养元素，提高果树吸收利用率。

2. 采购化肥盲目性大

不考虑自家果园的肥料状况，所缺的营养元素和多余的营养元素，以及果树对各种营养元素的需求比例，就采购化肥，造成有些元素过量，有些元素不足。

许多人习惯使用氮：磷：钾为15：15：15的复合肥，说是氮、磷、钾都有，什么都补上了，但是，果树生长结果需要钾多、磷少、氮中等，不是平均等同需求。长期这样施肥，势必造成果园土壤中缺钾、多磷、少氮。过多的磷素存在于土壤，会破坏土壤的结构性状，影响果树对其他营养元素的吸收利用。

3. 有机质肥料生用

鸡粪、鸭粪、猪粪、牛粪、羊粪、兔粪等圈肥和饼肥，只是有机肥的原料，需要经过发酵腐熟才能用。有的即使发酵，但时间不够；有的即使发酵时间很长，但方法不对，堆放时不是过干，就是很湿，这样的有机肥原料堆放很长时间，发酵也不充分。这样发酵不充分的肥料大量施用后，在土壤中会继续发酵，产生高温、有害气体，造成烧根。这也是许多果树出现黄叶、枯枝，尤其是内膛基部枝条枯黄严重，前期坐果少、后期徒长，不能良好成花，影响翌年产量的原因。判断肥料是否充分发酵标准是，肥料呈深褐色或者黑色，肥堆内外颜色一致；抓起一把肥料闻闻，基本没有臭味；在发酵充分的肥料中播下种子，可以生根发芽。也遇到有些人知道圈肥不经发酵不能用，但把圈肥直接撒在地表或者堆放在行间。过段时间，树叶萎蔫，苹果失水脱落，还以为是发生了什么奇怪的病。结果发现，肥堆下面的果树根系褐化、干枯了。

4. 大量肥料集中应用

有些人认为只要将肥料埋到果树下，果树就能吸收利用，就可以长得好。殊不知肥料必须是低浓度，释放出离子，经过交换转移，果树叶片通过蒸腾作用，吸收运输到树体需要的部位，才能发挥作用。集中堆放的肥料，果树根系是不能直接吸收的，甚至由于浓度过高，会将果树根系中的水分倒吸出来，表现为烧根，甚至死树。施用有机肥，可以改善土壤的团粒结构，提高土壤含氧、含水能力，创造有益微生物生长繁衍的良好土壤环境条件。同时补充小分子碳肥，调整土壤碳氮比，可促进花芽发育，控制营养生长，平衡树势。在树冠投影的外围挖环形沟或者从内向外挖内浅外深的放射沟，将肥料与土充分拌匀后施入、覆盖。施肥后，要保持土壤墒情好。

5. 施肥时间不当

果树施肥的最佳时间，是秋季采果后、夏季坐果后及采果前40天。许多果农习惯春季用肥，正值果树大量生长、开花坐果需要营养的集中期。施用肥料后，也需要等待溶解、稀释到适合的浓度，果树才可以生根而吸收利用，这往往就到了新梢快速生长期。这些肥料会促成新梢徒长，对坐果和早期果实膨大不利。北方春季多数年份干旱、缺水，大量施肥就像人口渴时吃盐，会加重旱情，导致果树树势衰弱，感染干腐病、枯枝病等。所以，早春最好不给果树施肥。有些人对果树管理特别上心，每年多次用肥，什么开花肥、坐果肥、膨大肥、抽梢肥等，总以为肥料施入土壤，果树都能马上利用，这是不可能的。反复的开沟施肥，只能对果树根系生长不利。

6. 不科学选肥、施肥

不科学选肥、施肥，会造成土壤板结、酸化、盐渍化，破坏土壤结构和果园生态环境，使土壤肥力下降，肥料贡献率降低，生产成本增加，生理性病害加重，直接影响果农的收入、果实质量和安全。例如，过量施用氮肥，使果树徒长，产量下降，造成果实亚硝酸盐含量增加。再就是过多的氮肥随水渗入到地下，污染地下水，通过河流污染水库、湖泊，水库、湖泊中长出大量绿藻。

某一种元素肥料使用过量，会破坏土壤结构，影响果树对其他营养元素的吸收。所以，过量施肥、不合理施肥，不但增加成本，而且会影响果实的质量和产量，造成农业环境的污染。测土配方施肥就是解决这些问题的“秘方良药”，充分利用好，可确保果实丰产优质。

7. 防控措施

（1）秋施基肥：苹果园土壤管理，从 9~12 月开展秋施基肥开始，连续 4~5 年秋施海藻生物菌肥 600 千克和金龟二代 150 千克，效果非常理想。老园区初期采用良好环境栽培技术，不能用氮、磷、钾肥料。待调理土壤 5 年之后，可以每年每亩施用高钾、低磷、中氮复合肥 50 千克，或者在果实膨大期冲施高钾水溶肥 30 千克。使用水溶性有机肥，不用挖穴施肥，也有非常好的壮树增产效果。最多每年挖坑施肥一次，或者 3~5 年挖坑施肥一次。采用水肥一体化技术，选择水溶性有机肥，可以常年不挖坑施肥，全部采用滴灌施肥，配合叶面施肥，简化果园管理程序。

（2）生草覆草：用秸秆进行树盘覆盖，厚度 20 厘米，树干两侧覆盖厚度 75~100 厘米。中间行间保留生长当地优势草，长高后割倒覆盖树盘。覆草后注意及时压实，做好防风防火工作。覆草园区施肥可以直接泼浇或者草下滴灌。覆草后能够延长根系生长时间，促进营养成分积累，预防冬季低温伤害，减少裂果、僵果、畸形果现象。

（3）试验推介：采用生态调控技术，防治套袋苹果黑点病试验见第一章三的有关内容。

三、影响苹果果面外观品质的因素

黑点病、红点病、果锈病、皲裂、苦痘、裂口、断柄等，都是影响苹果果面外观品质的因素。我们分析了苹果黑点病、红点病的发生原因，通过采用生草覆草技术，增加生物菌肥，改善土壤结构，加强花前用药，幼果期用药注意优、稀、勤等，取得了很好的效果。

苹果黑点病多发生在果实的萼洼处或果面，苹果萼洼处出现黑色小点，常覆盖一层白色果胶物质，后期引起腐生菌感染，出现黑色大斑、腐烂等。

苹果红点病通常是开袋时果面"靓"、光滑，开袋后2~3天出现中间褐色稍凹陷，周边有红晕或暗绿色晕圈的斑点。一般病斑直径1~5毫米，上有小孔洞、裂纹或白色胶状物。通过调查，采用套纸袋、套微膜袋、不套袋等方式苹果红点病都有发生，只是发生时间、轻重程度等有所不同。

（一）钙、硼缺乏

1. 钙、硼缺乏对果实的影响

钙的缺乏影响了细胞壁的形成，延缓了外渗细胞液的凝结。同时由于细胞壁不完整，胞间结构不稳固，出现多核细胞等，在浇大水、降雨时果实膨胀较快，果面皮孔集中处发生果胶物质外渗，凝结、风化后，呈白色绒膜状。由于果实短时间内大量吸水而膨大速度过快，各组织膨大不一致，出现裂果、断柄等。通常为纵裂或不规则裂，裂口较深。硼缺乏使果实内毒酚类物质增多，引起果肉或皮下组织褐变，出现稍凹陷的褐斑；果肉组织硬化，口感风味下降，但没有苦味，与缺钙不同。硼缺乏与缺钙混发，

苹果缺钙黑点——苦痘病

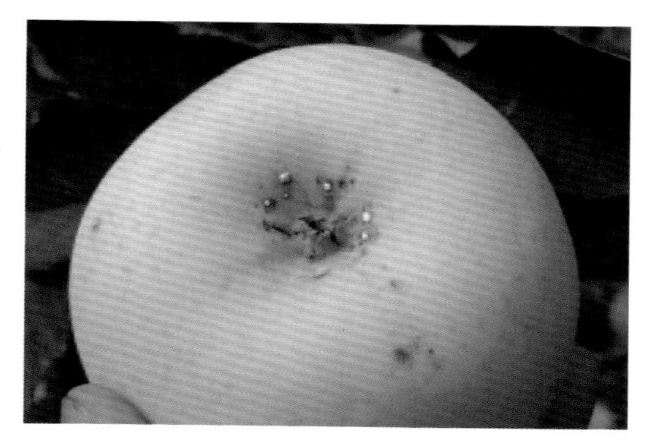

苹果缺钙，果顶有溢胶黑点

缺硼，果肉组织褐化

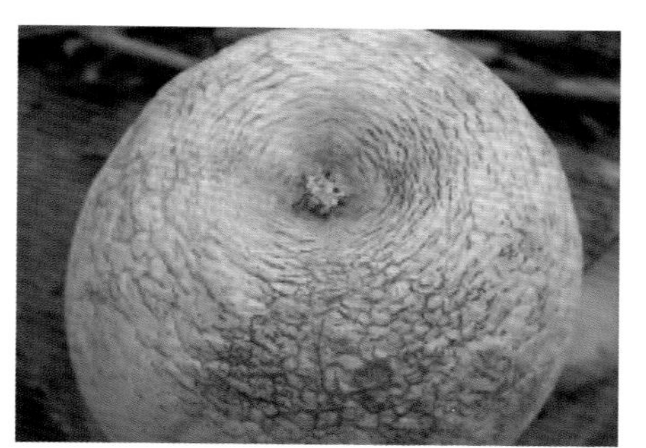

果面凹凸，着色不均，环状裂口

会出现多种裂果。

2. 钙、硼缺乏的原因

（1）长期使用大量化学肥料，导致土壤酸化、板结、盐渍化，影响了果树根系的生长及对土壤营养元素的吸收。同时过量施用氮、磷、钾肥料，会拮抗钙、硼的吸收，表现出钙、硼缺素症状。

（2）使用未充分腐熟的有机肥，损伤果树根系，导致不同程度的根腐、根衰。根系不能正常吸收营养，树上部表现出缺素症状。因树体环剥、环割，或患枝干轮纹病、腐烂病、干腐病，有大的剪锯口等，影响营养成分运输，表现缺素症。

（3）春季干旱或者春季连续阴雨天多、地温低，秋季的持续干旱或者连续降雨等，都会影响根系对钙、硼等元素的吸收；夏季高湿，袋内果蒸腾量小、吸收少，果实的钙、硼元素供应不足，易出现缺素症状。

（4）有些地块土壤质量差，钙、硼元素缺乏；或者是土壤有机质含量太低，土壤供肥能力不足，土壤中的钙、硼元素不易被根系吸收；同时土壤质量较差，也不利于果树根系生长及对土壤中钙、硼元素的吸收。

（5）目前市场上销售的植物补钙制剂，主要有氨基酸钙、糖醇钙、氨基酸螯合钙等，含钙量仅10%~20%，1 000多倍稀释后钙量更少，只能作为补充钙素使用。所以，叶面喷雾钙制剂不是钙的主要来源，主要来源还是土壤。

3. 针对钙、硼缺乏的生态调控技术

（1）推广果园生草覆草技术，稳定果园小气候环境，克服因土壤贫瘠、水分和温度波动过大等导致的钙、硼吸收障碍问题。

（2）增施有机肥、生物有机肥、海藻生物有机肥，补充有益生物菌。通过改善土壤环境条件，加速有益菌的繁殖，提高土壤涵养力和供养力，提高土壤保温、保水、保肥、保土性能，促进根系生长及对钙、硼等营养元素的吸收。

（3）配合使用充分腐熟的畜禽粪肥。

（4）合理配合使用氮、磷、钾肥料，控制土壤酸化、板结、盐渍化程度。

（5）施用金龟二代硅钙肥，补充钙、硼等中微量元素，改善土壤结构状况，减轻酸化程度，从根本上解决土壤恶化、缺素问题，提高果实产量和品质。

（6）树上部喷雾高浓度优质钙、硼制剂，如盖美特等，要多次补充。开花前补硼，谢花后、套袋前一般要喷雾3~4次钙制剂或钙、硼同补。

（7）有些果园培土太深、排水不良，地下害虫如蛴螬等发生较重，也会影响根系吸收营养元素，树上部表现缺素症状，要对症施治。

（8）合理修剪，平衡树势，避免发生大量徒长条，影响果实对钙、硼等营养元素的吸收。

（二）药害

1. 药害表现症状

农药、叶面肥料的不合理应用，常造成不同程度的药害，如叶片焦枯，果面灼伤、坏死点、皮孔放大、表皮损伤等。许多黑点分布在萼洼周围或果面上，套袋前发现许多苹果果面有锈斑。喷过药的与未喷药的果面有差异，浇水喷药的与未浇水喷药的果面有差异，早晨喷药的与中午喷药的果面有差异，显示药害存在。隐形药害往往在果实成熟期才可以看得出来。

（张振芳提供）

幼果期药害

2. 发生药害的原因

（1）苹果幼果期主要考虑防好病、杀好虫、补好肥，对于果面保护考虑较少。幼果期正值多种害虫危害高峰，如蚜虫、绿盲蝽、苹小卷叶蛾、毛虫等，要防烂果、保叶片，还要补充多种中微量元素，尽可能使用高浓度药剂，一次用药少则三四种，多则七八种，最多有用到 13 种的，这是发生药害的主要原因。

（2）苹果幼果期气温高、土壤干旱或低温、降雨少，中午高温时仍坚持打药，导致叶片萎蔫下垂，幼果手感柔软。

（3）果农买了价格低、质量较差的农药，又担心效果不好，所以就提高使用浓度。本来说明书介绍使用药剂 1 500 倍液，往往用到 800 倍液或 1 000 倍液，俗称“对半砍”，这样做很容易出现药害或隐性药害。

（4）粗糙的可湿性粉剂难以溶解，稀释后会形成较大药粒，或稀释后容易沉淀结团，这些药粒会灼伤果面，形成黑点；使用一些质量差的乳油类农药，会引起皮孔枯死、皮孔放大或果面灼伤，导致黑点病、果锈病。

3. 防止药害措施

（1）花前用药。蚜虫、绿盲蝽、苹小卷叶蛾、红蜘蛛等都在树体上越冬。春天果树芽鳞脱落或花芽露青时，孵化或出蛰的幼虫开始危害。在开花前、发芽后害虫多裸露或幼小，防治比较容易。花露红期气温较高，腐烂病、轮纹病、干腐病、白粉病、褐腐病等的致病菌脱去保护壳，大量释放孢子，而且树液循环加快，此时喷用杀菌剂，特别是氟硅唑等内吸性强的杀菌剂，效果也比休眠期好得多。因此，在花露红期喷药，对于实现果树清园，控制全年病虫危害，减轻谢花后用药压力，是非常有利的。喷好花露红期这遍药，在谢花后幼果期就主要考虑预防果实叶片病害和补钙了。杀虫剂可不用或针对个别虫种适当使用，较轻微的虫害可等到套袋后集中防治。这样幼果期用药种类少了，安全性和成果率提高了，果面也光亮了。

（2）幼果期选用优质农药，如大企业产的多菌灵、甲基硫菌灵、蒙特森、新万生、代森锌、噁唑菌酮锰锌、多抗霉素、吡唑代森联等。

（3）选择合理配药浓度，如蒙特森单用稀释 800~1 000 倍，与多菌灵、甲基硫菌灵等混用时稀释 1 200 倍，即混用药稀释浓度为 1+1 为 1.2~1.3，1 000 倍蒙特森与 1 000 倍甲基硫菌灵混合，配成药液为 1 200~1 300 倍。这样既能保证防治效果，又能提高用药安全性，保护幼嫩果面。

（4）在幼果期，可通过增加喷药次数，保证药效。如平时每15天喷药一次，幼果期可安排10~12天喷药一次。幼果期最好做到选药优、配药稀、喷药勤。

（5）为减轻幼果期药害，可混用优质高效的柔水通、壁蓓等，减少药滴积聚，减轻药害性黑点病发生程度。最好选择晴天早晚喷药，或者浇水后喷药。少量发生虫害时最好不加药剂，等到套袋后再用，减少幼果期用药种类，提高安全性。

（三）果袋质量良莠不齐

目前果袋生产还没有统一完善的国家标准，企业备案标准也比较简单，很难控制果袋质量。市场上的纸质果袋质量良莠不齐，价格为0.02~0.14元，很难保证苹果的质量。内红外黄牛皮纸果袋质量较好，纸质致密坚韧、涂蜡均匀、疏水性好，扎丝无锈迹，上有柄口、下有气口，水浸后耐拉扯；内塑料膜、外牛皮纸果袋制作精良；塑料微膜袋有通气孔，可除静电，易操作，不紧贴果面，扎丝柔软、无锈迹。有些果袋疏水性

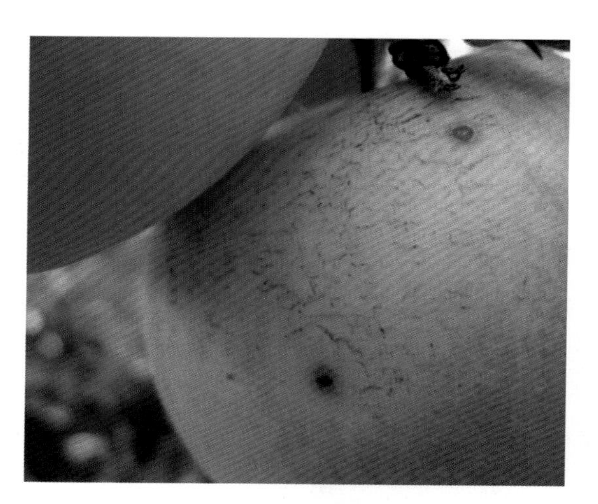

局部果袋紧贴果面，导致黑点或皲裂

差，下小雨果袋即湿，紧贴在果面上。停雨后长时间不干，致使果实局部皮孔阻塞，被弱寄生菌侵染，形成黑点病等。在套袋前不浇水，在中午高温时套袋；袋未撑开、未打开通气孔、扎口不严或未向下压口等，都会因为袋内通气差、积存药液、雨水内漏等，影响果面外观品质。

（四）虫害

开花前防治虫害不得力，花期不能用药，谢花后苹果瘤蚜、苹果黄蚜、绿盲蝽、苹小卷叶蛾等危害幼果，形成斑点或虫痕。加强花露红期用药；康氏粉蚧、梨园蚧、苹小卷叶蛾在果袋内也会形成果面斑点或霉污，在套袋前用药时混加噻虫嗪、噻虫吡蚜酮等，提高杀虫效果；苹小卷叶蛾、棉铃虫、桑褶翅尺蛾、梨小食心虫等虫害发生严重的，套袋前用药增加 35% 氯虫苯甲酰胺 8 000 倍液，防控效果良好；吸果夜蛾、鸟啄食也会影响果面外观品质，注意增挂糖醋罐、果醋罐诱蛾，后期喷驱鸟药剂，制造噪声，悬挂防鸟网等。

绿盲蝽危害斑点

食心虫蛀食孔

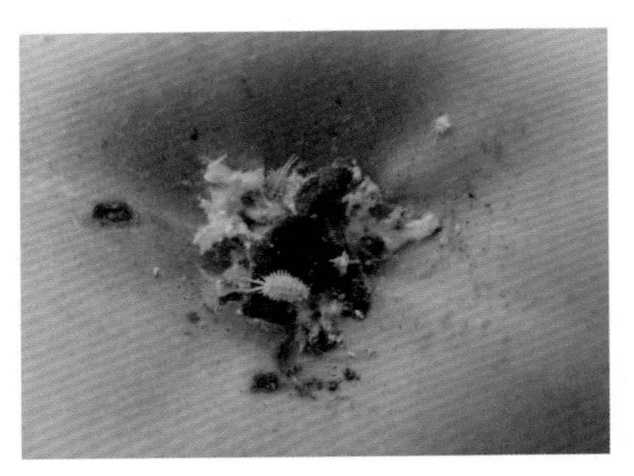

康氏粉蚧污染果面

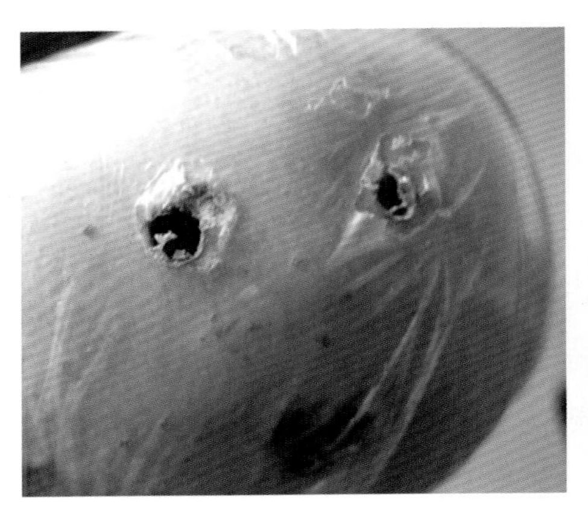

蠼螋蛀食孔

梨园蚧虫造成果面黑点

（五）病菌侵染

果袋质量差、果园密蔽、低洼积水或遇连续降雨，病菌侵染而果面发生黑点病、红点病。

稻象甲入袋危害果实

如套袋前喷用了优质杀菌剂，基本可以预防炭疽病、轮纹烂果病等幼果期病害。中后期还有借助

果面红点病

皮孔、微伤口等侵染的病菌。因此，套袋后在使用保护性杀菌剂时，交替使用1~2次氟硅唑、腈菌唑、戊唑醇等内吸性强的杀菌剂，可以保护袋内果免受病菌侵害，减轻套袋果的红点病发生程度，以及防止不套袋果烂果。

苹果开袋后感染病菌，易发生红点病。选择晴朗干燥天气开袋；阴湿天气开袋易被病菌侵染，发生红点病等，需要及时喷药，最好当天开袋、当天喷药。开袋后遇连续阴雨天气，就要增加喷药次数；天气晴朗时可以不喷药。喷药时掌握“稀、优、清”原则。新开袋苹果果面细嫩，用药浓度要低，不能灼伤果面；选药优，毒性低、低残留，安全无刺激；最好选择水剂、高效悬浮剂，以喷药后不留药斑、不污染果面为好。

（六）其他原因

影响苹果果面外观品质的因素，还有冻害、种植土壤盐渍化等。

总之，要想果面光亮，避免发生黑点病、红点病、果锈病、皱裂等，必须采取综合防控措施。

果实冻害，有明显的霜环

土壤盐渍化，导致果面黑点

四、苹果炭疽病

在夏季高温多雨时苹果炭疽病发生较重，果实腐烂，流行年份病果率达 30%~60%，对苹果品质和产量均有很大影响。

【表现症状】苹果炭疽病又名苦腐病、晚腐病，是由小丛壳属真菌侵染引起。接近成熟的果实受害最重，也可侵害果台和枝干。病菌主要以菌丝体在僵果、果台、枯枝上越冬。

果实发病初期出现针头大、淡褐色、圆形斑点，边缘清晰。

炭疽病

病斑迅速扩大后果肉软腐（果肉微苦）。病斑呈圆锥状，下陷。当病斑扩大到直径1~2厘米时，自中心生出突起的小粒点，由褐色变为黑色，呈同心轮纹状排列，逐渐向外扩展，即病菌的分生孢子盘。当条件潮湿时，黑色粒点突破表皮，溢出粉红色黏液，即病原菌的分生孢子器。一个病斑可扩展到果面的1/3~1/2，烂至果心。将病斑切开，呈漏斗状。病果上有一至多个病斑，病斑连片时全果腐烂而脱落。若在深秋染病，病果腐烂失水干缩，变为黑色僵果，与好果区别明显，长期悬挂在枝头不落。

【发生条件】苹果炭疽病是一种高等真菌性病害，病菌主要以菌丝体在枯死枝、破伤枝、死果台及病僵果上越冬，也可在刺槐上越冬。第2年苹果落花后，潮湿条件下越冬病菌可产生大量病菌孢子，成为初侵染源。分生孢子借风雨、昆虫传播，从果实皮孔、脱毛伤口侵染，幼果脱毛期是侵染高峰。该病为潜伏侵染，前期病菌处于潜伏状态而不发病，待果实近成熟期后才发病。产生病菌孢子（粉红色黏液），可再次侵染危害果实。该病菌可多次再侵染，尤其在7~8月高温、高湿条件下，病菌繁殖快、传播迅速，日灼伤通道是重要侵染途径。雨水越多、降雨时间越长，发病率越高。

【防控措施】果实套袋可有效防控炭疽病，需要在谢花后连续喷药3~4次，才可以套袋。

（1）幼果期喷药：谢花后幼果脱毛至蜡质层形成期，是炭疽病、轮纹病发生高峰期，特别是谢花后10~40天。于谢花后7天开始，间隔10~12天喷一次杀菌剂。降雨频繁、湿度大时每隔7~10天喷药一次，干旱少雨时每隔15天喷药一次。75%蒙特森1 200倍液+70%甲基硫菌灵1 000倍液+盖美特；40%氟硅唑6 000倍液+四螨三唑锡+盖美特；75%蒙特森1 200倍液+70%甲基硫菌灵1 000倍液+盖美特+一刺清。

（2）果实膨大后期喷药：坐果1个月后，果面蜡质层逐步形成，保护作用加强，但果面发生日灼伤，病菌还是会大量侵染，所以，果实膨大后期预防日灼伤，适当喷药保护就可以了。采取生草覆草，滴灌水肥一体化和控制氮、磷、钾肥料使用量，增施生物菌发酵有机肥、海藻生物菌肥和硅钙中微肥等措施，提高土壤活性。

（3）炭疽病发生期喷药：40%氟硅唑4 000倍液+井冈蜡芽菌+盖美特。

五、苹果炭疽叶枯病

苹果炭疽叶枯病是由叶枯炭疽病菌引起的，是苹果树快速感病、短期内大量落叶的一种新病害，也叫苹果炭疽菌叶枯病或苹果嗜酸性炭疽菌叶枯病。

【表现症状】由炭疽病菌引起的苹果叶枯病，初期症状为黑色坏死病斑，边缘模糊。在高温高湿条件下病斑扩展迅速，1~2天可蔓延至整个叶片，变黑坏死。发病叶片失水后呈焦枯状，随后脱落。当环境条件不适宜时病斑停止扩展，在叶片上形成大小不等的枯死斑。病斑周围的健康组织随后变黄，病重叶片很快脱落。当病斑较小、较多时，病叶症状似褐斑病。保湿1~2天后，病斑上形成大量淡黄色分生孢子堆。病菌侵染果实后，形成直径2~3毫米的圆形坏死斑。病斑凹陷，周围有红色晕圈。在自然条件下果实病斑上很少分生孢子，与常见的苹果炭疽病症状明显不同。

一棵新红星苹果树，一侧换头乔纳金。
发生炭疽叶枯病后，一侧叶落光，一侧叶完好

【发病原因】

（1）酸化高湿的土壤环境。

（2）在高温高湿的气候条件下，炭疽叶枯菌分生孢子萌发适宜温度为 28~32℃。

（3）金帅、嘎啦、秦阳、维纳斯黄金等品种容易感病，同株换头的新红星、红富士等抗病性强。

（4）7~8 月多雨高温、闷热天气，用药不及时。

【防控措施】据青岛农业大学研究，苹果炭疽叶枯病最早于 7 月开始发病，7~8 月连续阴雨天为发病高峰期。敏感品种苹果树自 7 月 15 日开始大面积暴发该病，并大量落叶。

（1）宽行起垄栽培，有利于通风透光。建好排灌系统，及时排涝。

（2）选择抗病品种，如红富士、红色国光、鲁丽、八号、藤木等。

（3）保持良好的土壤环境，控制氮、磷、钾肥料，以腐熟畜禽粪、生物菌肥、金龟二代中微肥为主，修复酸化、盐渍化土壤。

（4）套袋后，一定要在 20 天内喷第一遍药，68.75% 噁唑菌酮锰锌 1 500 倍液 +43% 戊唑醇 3 000 倍液，或者吡唑化森联等，配合杀螨剂、杀虫剂处理；7~8 月每隔 15 天喷药一次，连续喷药，防治褐斑病、炭疽病。选用吡唑醚菌酯、氟硅唑、戊唑醇、己唑醇，混合甲基硫菌灵、多菌灵、苯菌灵等喷雾，效果更好。

六、苹果枝干轮纹病

【表现症状】病原菌为半知菌亚门轮纹大茎点菌。该病菌除危害果实外，也侵害枝干，造成枝干病瘤、粗皮，影响营养传输，发生小叶病、黄化病、落叶早衰，甚至死树。

3~5 月枝干发病，以皮孔为中心，病斑呈褐色或暗褐色，圆形。初期症状表现为小溃疡斑，有褐色液体溢出，随后稍隆起呈疣状。病斑发展较快，积累病瘤较为密集。后期溃疡部位脱水、干枯，枝干表现粗皮。

苹果生长初期有较强的抵抗能力，病菌虽然侵入，但是不发病，处于潜伏侵染状态。随着果实糖化，逐渐发病。初期表现为褐色湿腐，病斑部位不凹陷，快速向外围扩展，病部中心出现零星黑点。以黑点为中心逐渐出现暗褐色斑点，呈现深浅相间的同心轮纹状病斑，最外层出现明显的水渍圈。发病后期果实腐烂，发出酸腐味道并有黏液流出。结合苹果炭疽病一起防治。

枝干轮纹病

【发生原因】平地高密度栽植、排水不良，形成高湿环境；易感品种，特别是红富士苹果对枝干轮纹病高度敏感；不及时防控，或者常规喷药时不注重枝干。

【防控措施】

（1）选择山岭地建园，宽行起垄栽培，通风透光。建好排灌系统，及时排涝。

（2）创造良好的土壤环境，控制施用氮、磷、钾肥料，以腐熟畜禽粪、生物菌肥、金龟二代中微肥为主，修复酸化、盐渍化土壤，不断改良土壤环境，强壮树势，提高抗病性。

轮纹病

（3）选择抗病品种，减少红富士的栽植比例。

（4）加强整形修剪，过长大枝逐步回缩，便于通风透光和机械化作业。保留各大主枝背上小枝，减轻日灼伤程度，减少病菌侵染机会。清理基部过密大枝，增加通透性，减轻发病。

（5）及时用药防护，特别是在苹果树休眠期、半休眠期抗病力差时，如 12 月、3~5 月。对枝干喷药保护，避免发生枝干轮纹病和果实轮纹病。喷雾强内吸性杀菌剂 40% 氟硅唑 5 000 倍液，或腈菌唑、咪鲜胺、戊唑醇等，结合苹果腐烂病、干腐病等一起防治。

七、苹果干腐病

【表现症状】苹果干腐病病菌与苹果轮纹病病菌同为大茎点

菌属，同样引起枝干病害，主要症状为皮层干枯，通常呈椭圆形或者长椭圆形病斑，周边皮层开裂。病斑部产生黑色小点粒，即病菌分生孢子器。病原有性阶段为贝氏葡萄座腔菌和葡萄座腔菌，均为子囊菌亚门、葡萄座腔菌属真菌。

苹果树干腐病菌主要危害定植苗、幼树、老弱树的枝干和果实，常造成死苗，甚至毁园。一般在嫁接部位开始发病，逐步向上扩展，形成暗褐色至黑褐色的病斑，严重时幼树枯死。

（1）干腐型：由主枝基部开始发病，尤其是在遭受冻害的部位。初期为淡紫色病斑，沿枝干纵向扩展，使组织干枯，呈稍凹陷状，表面粗糙，甚至龟裂，在病健部裂开；后期病斑表面密生黑色小粒点。在幼树上，初于嫁接口或砧木剪口附近形成不规则紫褐色至黑褐色病斑，沿枝干逐渐扩展，迅速枯死。

（2）溃疡型：以皮孔为中心，形成暗红色回形小斑块，边缘色泽较深。病斑常数块乃至数十块聚生，病部皮层稍隆起，皮下组织软，颜色浅，舌感苦。病斑表面常冒出茶褐色枯液，俗称“冒油”。后期病部干缩凹陷，呈暗褐色，在病健部开裂，表面密生

干腐病

黑色小粒点，严重时大枝死亡。与枝干轮纹病早期难以区分。

（3）果腐型：初期果面产生黄褐色水腐点，逐渐扩大成同心轮纹状病斑，与苹果轮纹病造成的烂果症状相同，统称轮纹烂果病。条件适宜时病斑扩展很快，数天后整个果实烂掉。

【发生原因】树势衰弱和微伤口为发病诱因，特别是畜禽粪肥害和氮、磷、钾肥料烧根引起的树势衰弱，以及枝干日灼伤等。

【防控措施】

（1）创造良好的土壤环境，控制使用氮、磷、钾肥料，以充分腐熟的畜禽粪、生物海藻菌肥、金龟二代中微肥为主，修复酸化、盐渍化土壤。采用生草覆草技术，不断改良土壤环境，强壮树势，提高抗病性。选择健壮苗木，施用生物菌肥促生根系，快速缓苗，采用起垄211栽树技术；避免大量集中使用没有充分腐熟的畜禽粪和氮、磷、钾肥料，治理土壤盐渍化。

（2）参照防治枝干轮纹病、炭疽病用药。

八、红、白蜘蛛

【发生特征】危害苹果的主要有山楂红蜘蛛（山楂叶螨）、苹果红蜘蛛（苹果叶螨、苹果全爪螨）、二斑叶螨（白蜘蛛）。近年来山楂红蜘蛛危害减退，二斑叶螨危害上升，成为许多果园的主要害虫。

（1）山楂叶螨：蜱螨目、叶螨科节肢动物。在中国分布广，主要危害梨、苹果、桃、樱桃、山楂、李等。吸食叶片及幼嫩芽的汁液，叶片先是出现很多褪绿小斑点，随后扩大连成片，严重时全叶白枯或者黄化脱落。山楂叶螨不活泼，常群居在叶片的背面叶脉两侧集中危害，并吐丝拉网。叶脉两侧褪绿严重是其危害特征。雌成螨卵圆形，体长0.54~0.59毫米，冬型雌成螨鲜红色，夏型雌成螨暗红色。雄成螨体长0.35~0.45毫米，体末端尖削，橙黄色。卵圆球形，春季产卵呈橙黄色，夏季产卵呈黄白色。初孵幼螨体圆形、黄白色，取食后为淡绿色，有3对足。若螨有4对足。前期若螨体背开始出现刚毛，两侧有明显墨绿色斑。后期若螨体较大，似成螨。

山楂叶螨发生比较普遍，危害严重。一般一年发生5~9代，以受精雌虫在树皮裂缝、距树干基部3厘米深的土缝中越冬，有时还可以在杂草、枯枝落叶或石块下面越冬。翌年春季果树花芽膨大时，越冬雌虫出蛰上树危害，4月中旬是出蛰盛期，也是第一个防治关键期；6月上旬是第二代卵孵化盛期，也是第二个防治关键期。如防治不及时，山楂叶螨会暴发流行，导致叶片焦枯脱落。

（2）苹果叶螨：成虫、若虫多在叶片正面刺吸叶液，叶片出现黄白色小斑点，严重时叶片呈现黄褐色。除非受害特别严重，一般不提早落叶。成虫：雌螨体长约0.4毫米，半卵圆形，暗红色或绿褐色。背毛13对，背毛基部有黄白色瘤状突起。雄螨体较小，菱形，暗橘红色，有背毛13对。卵：扁圆形，顶部中央有一根白色刚毛。冬卵深红色，夏卵橘红色。幼虫：幼螨足3对，体色为浅黄色、橘红色、深绿色。若螨足4对，体色较深。每年发生7~9代，以卵在短果枝、果台或二三年生枝条上越冬，以背阴侧居多，常集中成片。春季苹果树快要展叶时，越冬卵开始孵化。孵化期历时14天，要及时防治。金冠苹果落花后14天是第一代卵孵化盛期，为用药剂防治第一关键时期。

（3）二斑叶螨：主要危害叶片，初期仅在叶脉附近出现褪绿斑点，逐渐扩大。叶片大面积褪绿，变为褐色。螨虫密度大时，被害叶布满丝网，提前脱落。雌成螨：体长0.42~0.59毫米，椭圆形，生长季节为白色、黄白色，体背两侧各具一块黑色长斑，取食后呈浓绿色、褐绿色；当螨虫密度大或种群迁移前体色变为橙黄色，在生长季节绝无红色个体出现。滞育型体呈淡红色，体侧无斑。雄成螨：体长0.26毫米，近卵圆形，前端近圆形，腹末较尖，多呈绿色。卵：球形，长0.13毫米，光滑，初产为乳白色，渐变橙黄色，将孵化时现出红色眼点。幼螨：初孵时近圆形，体长0.15毫米，白色，取食后变暗绿色，眼红色，足3对。若螨：前若螨体长0.21毫米，近卵圆形，足4对，色变深，体背出现色斑。后若螨体长0.36毫米，与成螨相似。

受精雌成虫在土缝、枯枝落叶下或越冬草根际等处吐丝结网

苹果红蜘蛛越冬卵

山楂红蜘蛛

（由张振芳提供）

越冬，也在树皮下、裂缝中或在根茎处的土中越冬。翌年春季气温达 10℃时，越冬雌虫开始出蛰活动并产卵，多集中在小旋花、葎草、菊科、十字花科等杂草和草莓上危害。第一、二代若螨主要危害杂草，积累基数。在 6 月上中旬大量危害苹果，是防治关键时期。

【发生原因】近年来有些果园螨害难防控的原因，如大量使用广谱杀虫剂，伤害天敌；清耕制度使天敌失去繁衍环境，二斑叶螨没有草料可食用，较早上树危害；使用波尔多液不当，刺激螨虫繁殖；药剂防控不当，造成螨害猖獗。

我们发现在二斑叶螨基数较小时，主要在树冠基部危害内膛枝叶。当螨基数特别大时，才全树扩散。所以，恢复果园生草，满足二斑叶螨对草料的需求，就会减轻果树受害的压力。

【防控措施】

（1）生草覆草，建立良好的果园生态环境，为螨虫、绿盲蝽等提供食物资源。叶螨的天敌主要有小型昆虫、捕食螨及微生物三类，应尽量减少杀虫剂的使用次数或使用不杀伤天敌的药剂，以控制叶螨的基数。如果个别苹果树害螨发生严重，平均每片叶达 5 头时，就应进行“挑治”。

（2）严格按照园区内虫害发生指标，慎重使用杀虫剂。选用针对性强的专用药剂，如早春开花前尽量不用毒死蜱、菊酯等广谱杀虫剂。根据蚜虫、绿盲蝽发生基数，选用噻虫嗪、吡蚜酮、呋虫胺等选择性杀虫剂。在红蜘蛛基数不太大的情况下，尽量不用药剂，待 6 月上旬套袋后再集中用药防控。

（3）苹果幼果期红蜘蛛基数比较大，必须用药防控时，可以选用阿维乙螨唑、四螨三唑锡等药剂。在幼果期套袋前喷 3 遍药：

75% 蒙特森 1 200 倍液 +70% 甲基硫菌灵 1 000 倍液 + 盖美特；40% 氟硅唑 6 000 倍液 + 四螨三唑锡 + 盖美特；75% 蒙特森 1 200 倍液 +70% 甲基硫菌灵 1 000 倍液 + 盖美特 + 一刺清。

一般套袋前可以不用杀螨剂，套袋后正是二斑叶螨开始上树期，集中防控用药。如用 68.75% 噁唑菌酮锰锌 1 500 倍液 +43% 戊唑醇 3 000 倍液 +20% 阿维乙螨唑 5 000 倍液。

九、苹果蚜虫

【症状特点】苹果树主要发生黄蚜、瘤蚜、棉蚜等虫害，以卵在树体芽缝、伤口处越冬，翌年树液回流后开始孵化幼虫，寻找幼嫩组织危害。黄蚜的若蚜、成蚜群集于苹果、沙果、海棠、木瓜等嫩梢、嫩叶背面及幼果表面，刺吸危害。受害叶片常呈现背面横向卷曲或褪绿斑点。群体密度大时，常有蚂蚁与其共生。瘤蚜的成蚜、若蚜群集在叶片、嫩芽，吸食汁液，常分泌刺激物，使受害叶片畸形、变硬、变脆、局部组织增厚，表现为紫红色。托叶呈不规则背面卷缩。多数叶片受害后从叶边缘向背面纵卷成条筒状，蚜虫隐蔽其中取食危害。棉蚜有所不同，主要危害枝干、新梢、叶腋、果洼和外露根系，受害皮层肿胀成瘤，易感染其他病害。蚜虫白色分泌物呈棉絮状，能避开天敌，药剂较难接触到虫体。这些蚜虫一年发生十多代，开花前、幼果期集中危害，7~9 月转移危害。开花前虫口基数较低，没有完整卷叶，为防治关键期。

【发生原因】近年来有些园区蚜虫大发生，主要原因是没有把握好防治时机；或者过度用药，伤害天敌；果园清耕，蚜虫和天敌的食物缺乏。

【防控措施】

（1）采用生草覆草技术，上一年10月果园造墒，促进优势草生发，打造早春良好的果园生态环境；春夏季避免清耕和使用除草剂，保护优势草种资源，分散害虫、养护天敌。

（2）抓住早春发芽前清园时机，加入杀蚜虫药剂，仔细喷雾树干疤痕处，降低早春苹果棉蚜基数。

（3）抓住开花前叶面积较小、没有卷叶时机，喷雾蚜虫药剂，兼治绿盲蝽。

（4）早春喷药时注意，吡虫啉、啶虫脒等有温度效应，低于25℃几乎无效，最好选择内吸性、内渗性的噻虫嗪、吡蚜酮、呋虫胺、噻虫胺、螺虫乙酯、烯啶虫胺、氟啶虫胺腈等。

（5）避免使用广谱性杀虫剂，如高效氯氰菊酯、三氟氯氰菊酯、溴氰菊酯，以及国家限制使用的广谱杀虫剂毒死蜱等，保护天敌。

苹果瘤蚜

苹果棉蚜

（6）临近麦收，一般就不需要用药防控蚜虫了。小麦田中的蚜茧蜂、瓢虫、食蚜蝇等天敌大量转移到果园，可以快速控制住蚜虫基数。

十、苹果免套袋

苹果套袋是20世纪90年代推广的果面靓化栽培技术，在提高苹果的销售价格，减少果面农药残留等方面发挥了重要作用。但苹果套袋后，由于光照不足，糖度、营养、口感、香气等差强人意；套袋管理人工费用太高、物料成本增加、生理性病害增加，因此，生产更加安全优质的免套袋苹果，成为苹果生产的发展趋势。苹果免套袋生产，绝不等同于过去的不套袋生产，而是在良好生态环境下，以生草覆草，施用生物菌肥、优质圈肥、中微量元素矿物质肥料为基础，采用符合国家绿色食品标准的先进管理模式。

1. 选址建园

选择没有污染、通风良好的山岭地建园，采用宽行起垄栽植、行间生草、树盘覆草等技术，果园规模为每户30亩。

2. 树形设计

树形设计以圆柱形或者高纺锤形为主，为高通透果树栽植技术。老园区改造，采用以主干落头、回缩主枝、培养下垂式结果枝组为主的宽行、矮冠简化管理模式。这样的树形设计改造，有利于通风透光，雨后快速排湿，降低发病率；有利于机械化作业和割草、喷药、施肥、运输等，花果管理方便、工效高。

3. 土肥管理

铺设滴灌管道，采用水肥一体化技术。秋施充分腐熟的畜禽粪 5 米^3，配合使用海藻生物菌肥 300 千克、金龟二代中微肥 100 千克。在早春膨果期、转色期，可以滴灌冲施金龟原力等有机水溶肥、碳肥、生物菌肥等，叶面喷施优质硼、钙肥、海藻酸、氨基酸等。

4. 农药使用

（1）铃铛花期：开花前重点针对腐烂病、枝干轮纹病、霉心病、蚜虫、绿盲蝽、青虫等，一次性喷雾 40% 氟硅唑 6 000 倍液 +75% 一刺清 2 000 倍液 +35% 奥得腾 7 000 倍液（或者根据虫螨基数，决定是否使用杀螨剂）+ 优质硼。

（2）幼果期：谢花后幼果脱毛期至蜡质层形成期，炭疽病、轮纹病等高发。通常防控关键期为谢花后 10~40 天，随后蜡质层形成，果实保护能力提高，病害发生率下降。间隔 10~12 天喷一次杀菌剂，做好防护。降雨频繁、湿度大时，要间隔 7~10 天喷药一次；干旱少雨时适当减少喷药次数，间隔 15 天一次。如 75% 蒙特森 1 200 倍液 +70% 甲基硫菌灵 1 000 倍液 + 盖美特；40% 氟硅唑 6 000 倍液 + 四螨三唑锡 + 盖美特；75% 蒙特森 1 200 倍液 +70% 甲基硫菌灵 1 000 倍液 + 盖美特 + 一刺清。

（3）果实膨大后期：坐果 1 个月后，果面蜡质层逐步完善，保护作用增强，但果面发生日灼伤，还会感染病菌。所以，果实膨大后期预防好日灼伤，适当喷药保护就可以了。

6 月初防控白蜘蛛、红蜘蛛、苹小卷叶蛾、棉铃虫、金纹细蛾等，如使用 68.75% 易保 1 200 倍液 +43% 戊唑醇 3 000 倍液 + 阿维乙螨唑 + 奥得腾；6 月中旬，使用 68.75% 易保 1 200 倍液 +50% 多菌灵 600 倍液 + 阿维菌素；7 月上旬，使用 60% 吡唑代森联 1 000 倍液 +35% 奥得腾 8 000 倍液 + 海藻酸；7 月中下旬，使用 60% 吡唑代森联 1 000 倍液 + 海藻酸；8 月上中旬，使用 43% 戊唑醇 3 000 倍液 +50% 多菌灵 500 倍液 + 奥得腾；8 月底，使用 40% 氟硅唑 6 000 倍液 + 井冈蜡芽菌 + 磷酸二氢钾。

十一、苹果果肉褐化病

【症状特点】苹果果肉褐化病，又叫心腐病、腐败病。果实胴部可见水渍状、褐色、形状不规则的湿腐斑块，斑块连成片，最后全果腐烂。果肉略有苦味，但是种子空间没有霉层，与霉心病不同。霉心病是病菌从花柱感染，引起种子褐化腐烂，产生粉红色、白色或者灰色霉状物，严重者果肉变褐腐烂。也有果肉不腐烂，只出现褐化组织，像乔纳金、嘎啦等品种。

【发生原因】苹果果肉褐化病主要是由于缺钙造成，果肉组织木栓化、褐化是由于缺硼造成。遇早春多雨、地温低等条件时易发病。

【防控措施】

（1）推广果园生草覆草技术，创造稳定的果园小气候环境。

（2）增施有机肥、生物有机肥、海藻酸，补充有益生物菌。通过改善土壤环境条件，加速有益菌的繁育，提高土壤涵养力，提高土壤保温、保水、保土性能，促进根系生长及对钙素的吸收。

（3）大量施用充分腐熟的畜禽粪。

（4）合理施用氮、磷、钾肥料。土壤酸化、板结、盐渍化严重的果园，停止施用氮、磷、钾肥料 3~5 年，有利于快速修复，而且不会降低苹果产量。

心腐病

腐败病

苹果缺硼（旱斑病）

（5）施用金龟二代中微肥，补充钙、硼等中微量元素，改善土壤结构状况，减轻酸化程度。从根本上解决土壤恶化、缺素问题，提高果实产量和品质。

（6）树体补充钙、硼元素，应选用高浓度优质钙、硼制剂，多次补充。开花前着力补硼，谢花后、套袋前喷雾 3~4 次盖美特或钙、硼同补。

（7）有些果园培土太深、排水不良，地下害虫如蛴螬等发生较重，也会影响根系吸收营养，表现出树体缺素症，应对症治疗。

（8）合理修剪，平衡树势，避免发生大量徒长条，影响果实对钙素的吸收。

十二、成龄果园徒长条过多

【症状特点】成龄苹果园以中短枝条结果为主，徒长条过多，将直接影响到坐果率、果实膨大、着色和果实内在品质（如黑点病）。

【发生原因】

（1）修剪不当：背上枝、外围枝短截过重或者疏除过多，留枝量不足；夏季修剪不到位，对当年抽生的枝条没有及时通过抹芽、摘心、扭梢或者拿枝弱化长势，促生花芽结果；密植老园区，为了解决通风透光问题，回缩较多，促发徒长条。

（2）施肥不当：选用肥料氮、磷含量过高，刺激徒长条生长；施肥时间不当，如春季用肥稀释，到发挥作用时就是抽生枝条的时间，促进了枝条徒长；生长季节撒施氮肥过多。

徒长条多

（3）喷药不当：开花前后喷用毒死蜱，降低了坐果率，导致果树负载量不足，发生徒长条。

【防控措施】

（1）科学用肥：对于抽条过多的苹果树，禁用氮、磷、钾肥料 3~5 年，施用海藻生物菌肥、中微量元素肥，同时配合生草覆草技术，改善生长环境。

（2）平衡修剪：对多年生大树进行修剪，适当疏除树冠上部、外围徒长枝。内膛结果枝及时回缩复壮，背上徒长枝要留足量，疏除过多过密枝。翌年春季及时拉平枝条，促进成花。只要有空间就要保留枝条，拉枝占领。注意主枝背上不可以光秃无枝，一要留枝保护，防止主枝日灼伤，发生干腐病；二要保护背侧枝果实不发生日灼伤，生长良好；三要增加结果面，增加产量、稳定树势，减少徒长条发生。密集树冠“开窗”处理，不要操之过急，通常要 2~3 年逐步完成，避免一次性处理诱发徒长条过多，或者补偿不到位，影响苹果产量。

（3）密植老园区改造：密植老园区通风透光差，没有工作道，管理不方便，可以在结果小年，采取疏除低层枝、回缩中层枝、落头上层枝的办法，刺激中层徒长条生发。然后甩放这些枝条，培养下垂式结果枝，使树形周正、增加产量，又能通风透光、拓宽工作道，方便管理；及时开展夏季修剪，采取抹芽、摘心、拉枝等手段，调控生长与结果的关系，稳定树势。

（4）施肥时间正确：通常春季施肥时干旱少雨，肥料较长时间不能分解，果树不能吸收利用。等到大量降雨或者浇水后，肥料浓度低了，果树能吸收利用了，就到了新梢快速生长期，造成成龄果树徒长。最佳施肥时间是秋季降雨后、封冻之前。生长期随浇水冲施水溶性肥料，快速见效、操作方便，如在一些地区果树不挖坑施肥技术得到推广。

（5）科学用药，保证坐果率：特别是开花前、谢花后谨慎用药，喷用毒死蜱后坐果率极低，会严重影响产量。喷用噻虫嗪、吡蚜酮、呋虫胺等杀虫剂和甲基硫菌灵、氟硅唑、腈菌唑等杀菌剂，同时配合优质硼，可提高坐果率。控制好混配农药的种类和浓度，确保安全高效。

十三、苹果花叶病毒病

近年来苹果花叶病毒病红富士品种发生较多，严重影响苹果的产量和品质。防治病毒病的药剂用过很多，效果都不理想，许多果农只能砍伐果树。

【症状特点】苹果花叶病毒病主要引起叶片组织褪绿、黄化，严重的卷缩畸形。通常该病在春季发生重，在夏秋季发生轻，有些树春季发生较轻的，到夏季就恢复正常，不显现症状了。

【发生原因】花叶病毒感染，引起叶片黄化；生长势弱，抗病力差，引起发病；土壤环境恶化，根系腐烂、衰弱，营养不能正常吸收，表现出缺铁的黄化现象。

【防控措施】根据近年来的试验研究，既要可以控制苹果花叶病毒病不表现症状，又要不影响结果和果实品质，采用以壮树抗病的效果好。

（1）采用良好环境栽培技术，如果园生草覆草，增施有机肥、

花叶病毒病

生物有机肥、海藻酸，补充有益生物菌，提高土壤保温、保水、保土性能，促进根系生长及对钙素的吸收。从根本上解决土壤恶化、缺素问题，强壮果树生长势。

（2）早春发芽前冲施一次金龟原力＋绿元素复合微肥，发病严重的浇灌与树上喷雾结合，树体喷雾绿元素＋太抗几丁，就能控制花叶病毒病的危害。

花叶病毒病症状减轻

十四、套袋苹果果锈、皱裂

套袋苹果易发生果锈、皱裂，等到开袋才发现，防治为时已晚。苹果发生果锈、皱裂会严重影响卖相，只能作为级外果处理，价格很低。

皱裂

【发生原因】套袋果发生果锈与套袋前和后期管理都有关系，皱裂主要是在后期发生（表2）。

表2　套袋果果锈和皱裂发生原因

	果　锈	皱　裂
原因	幼果期异常气候刺激	无
	幼果期不当用药刺激	无
	8~9月连续降雨，果面长时间有水膜存在	
	果袋质量差，降雨后透水，粘贴果面，湿润时间长	
	缺钙、缺硼	
	土壤环境恶化，果树抗病力差	

【防控措施】

（1）采用良好环境栽培技术，稳定生长环境，提高果树适应异常气候、异常药物刺激的能力。

（2）注意补充钙肥、硼肥，包括土壤施用金龟二代，树体喷雾盖美特、氨基酸钙等。

（3）选择优质纸袋，注意内袋的蜡质层一定要均匀致密，确保有良好的疏水性，外袋要具有抗雨水、抗日灼、抗风吹性能。套袋操作时尽量将苹果悬于果袋中央，果袋撑起。

（4）树盘覆草，稳定水分供应，使果实长期保持水分充足，不会因降雨多水而表皮爆裂。

（5）连续降雨较多时整理果袋，打开通风孔，果袋尽量离开果面，便于果面快速干燥，减少皲裂。

十五、苹果日灼伤

【症状特点】日灼伤能发生在苹果生长各时期，叶片、果实、枝干都有受害。

【发生原因】

（1）土壤环境恶化、用肥不当，特别是大量集中施用未经充分腐熟的畜禽粪，氮、磷、钾肥料逐年加量施用，导致土壤酸化、板结、盐渍化。果树根系不能正常生长，不能吸收土壤中的营养和水分，甚至出现肥害烧根引起的树势衰弱，日灼伤现象也较多发生。

（2）整形修剪不当，特别是“大小年”结果现象、持续降雨而排水不畅、内涝等，影响根系生长和吸收，导致树势衰弱。

（3）浇水不及时，秋季高温干旱、紫外线强，注意及时浇水保墒，预防日灼伤和裂果。如果过度干旱后降雨，也容易裂果。

（4）行间生草，秋季刈割不可过矮，超过 10 厘米高的生长茂盛草皮，有降低温度、保持湿润的作用，能明显减轻苹果日灼伤程度。

（5）保叶不当，没有及时喷雾药剂，造成叶螨暴发，发生褐斑落叶病、炭疽叶枯病，而早期落叶、果实裸露，发生日灼伤。

【防控措施】

（1）创造良好的土壤环境，控制氮、磷、钾肥料使用量，以充分腐熟的畜禽粪、海藻生物菌肥、金龟二代中微肥为主，修复酸化、盐渍化土壤。采用生草覆草技术，不断改良土壤，强壮树势，提高抗病性。选择健壮苗木，及时栽植，施用生物菌肥促生根系，快速缓苗，采用起垄211栽树技术；避免集中施用没有充分腐熟的畜禽粪和氮、磷、钾肥料。

（2）加强整形修剪，注意疏通工作道，过长大枝逐步回缩，便于通风透光和机械化作业；注意保留各大主枝的背上小枝，或者引枝护干；对过于平伸甚至下垂的主枝，注意逐步回缩、抬高角度，背上留

日灼伤

枝、护干护果，减轻日灼伤程度。

（3）生草覆草，改善环境。

（4）套袋后及时喷药，间隔 15 天一次，重点预防白蜘蛛、炭疽叶枯病、褐斑落叶病，以及金纹潜叶蛾引起的早期落叶问题。于 6 月下旬、7~8 月，根据降水和品种情况等连续喷药，保护好叶片，避免日灼伤发生。

第四章　桃病虫害生态调控技术

一、桃园生态调控技术

桃树管理简单、易结果，规模化栽植发展非常快。近年来，同样是管理桃园，有人赚钱，有人赔钱，这里面有许多“门道”，主要表现在建园环境、品种选择、栽培规模、土壤管理、环境养护、整形修剪、病虫害防治、品牌销售等方面。

1. 选址建园

桃园选址要求生态条件良好，远离污染源，灌溉水资源充足、水质良好，土质疏松、排水良好的沙壤土、壤土、棕土、褐土地段均可。桃树适应性强，但要尽量避开沟渠、谷底等容易发生霜害、冻害的地段建园。

2. 建园规模

受传统农业经济模式的影响，不少果农常常以自己现有的土地为准，常种植 1~2 亩、3~5 亩桃树；甚至哪儿有地哪儿种，一家 2~3 处种桃树；或者以销售能力来确定种植面积、品种组合，常在很小的地块种植多个果树品种，把市场定位在“自家门口”，认为能卖出去才保险。种植规模小、果树品种杂乱，既难以引进先进技术、集约化管理，又商品率低、交易成本高，无法对接大客户、大市场；最大的问题是年效益有限，家庭劳动力不能充分发挥。最好走专业化和适度规模化道路，瞄准大客户、大市场、高端市场，适度规模种植。以10万元以上年收入为基准目标，通常家庭建园只一处，占地30~50亩。然后联合发展、创立品牌，只有这样才能增强市场竞争力，获得更好的经济利益。专业化就是专门种植桃树，全身心投入，更容易种植成功。

3. 品种选择

根据市场趋势和销售方向选择品种。通常以鲜食桃品种为主的种植基地，最好选择果形漂亮、色泽好、口感好的桃品种，果个以中型、中大型为好，果肉黄色、肉质硬脆品种更受欢迎，如中油4号、中油蟠9号、金黄金、黄金脆、秋彤、寒露蜜、瑞盘101、映霜红等。同时考虑桃在节日成熟上市，避开成熟品种集中上市期和降雨集中期。珍珠油桃品质上乘，也颇受欢迎。

4. 树形设计

树形设计以高纺锤形、三挺身开心形、V字形为好，早期丰产，便于机械化管理；三大主枝开心形一直受老桃农喜欢，早期修剪量大、丰产晚，但是骨架稳定、寿命长。

5. 土壤微生态环境

桃树良好生长、抗逆性强是丰产优质的基础，这需要良好的土壤微生态环境，如土壤团粒结构好、有益微生物丰富、有机质充足、酸碱度适宜、盐分适度、营养平衡。采用生草覆草技术，稳定土壤水分，平衡土壤温度，有机质回田快；施用足量的海藻生物菌肥、金龟二代中微量元素肥替代化肥，配合施用充分腐熟的畜禽粪；停止施用氮、磷、钾肥料和化学除草剂，每年秋季施肥一次，土壤环境可快速改善，桃树生长好、产量高、品质优。

根据树势和结果状况、土壤有机质水平，采用不挖坑施肥技术，滴灌或者浇灌金龟原力等有机水溶肥、碳肥、氨基酸、生物菌肥，可减少用工，提高用肥的速效性和均匀度，果实品质好。通常在开花前、幼果快速膨大期、着色前追肥。

叶面补肥可提高坐果率，提升果实品质，促壮树势。早春开花前（铃铛花期）喷雾螯合铁、优质硼，谢花后喷雾盖美特等优质钙肥，采果后喷雾海藻酸、碳肥、氨基酸，快速补充营养，恢复树势，促进花芽发育。秋后喷雾高浓度尿素，促进营养回流，提前落叶，提高抗寒能力。

6. 地上植被小气候环境

通过合理设置株行距、修剪合理的树形和采用生草覆草技术，使果园小环境气候相对稳定。由于地表被一层草覆盖，可吸收阳光热量，地表温度稳定，即使夏天中午园区温度也低于周边。由于草的蒸腾作用而释放水分，园区内空气相对湿润，果树生长良好，桃的品质更好。

7. 昆虫生物环境

通过生草覆草技术，科学安排用药时机，使用生物农药、专用杀虫剂及其低毒、低残留药物制剂，保护了天敌（包括蛙、鸟、蜘蛛、白僵菌、绿僵菌等），使虫口基数稳定在较低水平，确保了环境生态化、产品绿色化。

8. 桃树修剪

要做好桃树冬夏季修剪工作，根据树形设计，早期重点培养好骨架枝。对于盛果期桃树冬季修剪，要注意平衡内外枝势，尽量做到内膛不疏枝、外围不短截。内膛枝条以短截复壮为主，尽量保留结果枝，增加树体负载能力；外围枝条以疏剪为主，尽量减少外围枝量，使整个主枝的侧枝或者结果枝组内大外小，枝量内多外少；对主干型树修剪要抑上促下，中下部密集枝短截留橛，促生新枝、小枝。4~5 月结合疏花疏果，及时摘心或者抹除背上徒长枝芽和外围上部强旺枝芽。7~8 月配合着色调控，粗略去除外围、背上、上部的竞争枝和强旺枝，以便于平衡树势，促进果实着色增质，给内膛、下部枝条提供充足光照，促进枝条成熟和花芽发育。落叶后 1 个月开始冬季修剪为好。

9. 桃园科学用药

桃树花前用药非常重要，重点是预防流胶病，控制蚜虫、绿盲蝽基数，预防苹小卷叶蛾、褐腐病、腐烂病，提高坐果率，减少谢花后、幼果期（套袋前）用药种类，为果面“靓”奠定基础。谢花后、幼果期（套袋前）用药注意“优、稀、勤”。

果面“靓”已经成为现代果品的重要指标。幼果期杀菌药剂安全、有效，杀虫药剂则不同，要严格按照虫情用药。对发生程度重的虫害，要轻度用药，适当控制，不要期望“斩尽杀绝”；对发生程度轻的虫害，不要用药防治，暂且留着，待套袋后（或者果面较老化后）再一次性解决。切不可以没虫乱用药，盲目增加化学药物投入成本。

套袋后第一遍药，防治潜叶蛾、梨小食心虫、苹小卷叶蛾、红蜘蛛、穿孔病等。防治穿孔病，选用内吸性杀菌剂如噻森铜、中生菌素，混用保护期较长的杀菌剂如噁唑菌酮锰锌、代森锌等；杀虫杀螨剂选用奥得腾、阿维菌素、乙螨唑、联苯肼酯、四螨嗪等；8 月防治桃小绿叶蝉、潜叶蛾、树虱和晚熟桃褐腐病等，选用噻虫嗪、阿维菌素、氟硅唑等。

桃开袋最好选择晴朗干燥天气，如果阴湿天气开袋，易感染褐腐病菌，发生褐腐病，需要及时喷药，最好当天开袋、当天喷药。如果开袋后遇到连续阴雨天气，就要增加喷药次数；如果天气晴朗，可以不喷药。喷药要求“稀、优、清”。新开袋果面细嫩，用药浓度要低，不能灼伤果面，用药稀；选药要优，毒性低、低残留，保证药效、安全无刺激；最好选择水剂、高效悬浮剂，药液清，喷药后不留药斑、不污染果面为好。

喷干枝清园，使用石硫合剂或者机油乳剂（树虱较多的）。铃铛花期喷雾 75% 一刺清 6 000 倍液 +40% 氟硅唑 5 000 倍液 + 优质硼 + 奥得腾，防治蚜虫、绿盲蝽、苹小卷叶蛾等；清园杀菌，减轻腐烂病、褐腐病等，提高坐果率。谢花后套袋前，根据虫情选用奥得腾，用药 2~4 遍。谢花后 7~10 天，喷雾 70% 甲基硫菌灵 1 000 倍液 + 盖美特 + 吡虫啉；间隔 10~15 天，喷雾 40% 氟硅唑 6 000 倍液 + 盖美特；间隔 12 天，喷雾 75% 蒙特森 1 200 倍液 +70% 甲基硫菌灵 1 000 倍液 + 盖美特 + 一刺清 + 奥得腾。套袋后马上喷药 2 遍，喷雾 68.75% 噁唑菌酮锰锌 1 500 倍液 + 阿维菌素 + 灭幼脲三号，施用 65% 代森锌 500 倍液 + 灭幼脲三号 + 氨基酸。增加防治细菌性穿孔病药剂，如噻森铜、中生菌素、噻菌铜、荧光假单胞杆菌等。

二、桃树蚜虫

【症状特点】桃树主要发生桃蚜、桃瘤蚜、桃粉蚜等，症状特点同苹果蚜虫。

【发生原因】

（1）果园清耕，破坏了蚜虫的食物来源，只有危害桃树。有些桃园早春使用了高效氯氰菊酯、毒死蜱等广谱杀虫剂，严重伤害了天敌，造成蚜虫难防治。

（2）有些桃园蚜虫大发生，主要是防治时机没有把握好。好多人开花前看不到蚜虫，就不打药；花期有蚜虫，不敢打药；等谢花后蚜虫有卷叶隐蔽，打药也难防治了。

（3）有些桃园药剂使用不当。早春选用吡虫啉，开花前喷药时温度较低，仅15℃左右，低于25℃时吡虫啉几乎无效。

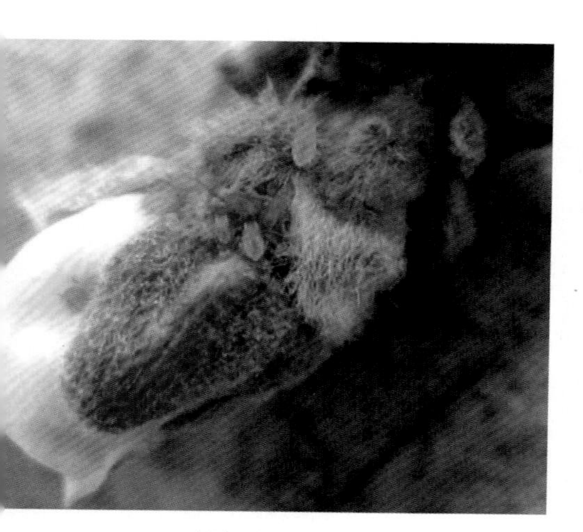

桃蚜发生早

桃蚜危害状

桃粉蚜危害状

桃瘤蚜危害状

【防控措施】同苹果蚜虫防控措施。开花前喷药，选用噻虫嗪、吡蚜酮、噻虫胺、呋虫胺，或者更强的内吸性杀虫剂，如螺虫乙酯、烯啶虫胺、氟啶虫胺腈等。临近麦收时桃园中有蚜虫，一般就不需要用药防控了。小麦田中的蚜茧蜂、瓢虫、食蚜蝇、草蛉等大量迁移到果园，可以快速控制住蚜虫基数。

三、桃树绿盲蝽

【症状特点】绿盲蝽是 20 世纪 80 年代发现的果树害虫，主要危害嫩梢、果实和叶片，危害果实比食心虫严重，一只绿盲蝽可以危害 5~7 个桃，使之成为次品果。绿盲蝽首先在新梢幼芽处刺吸危害，初期形成红色、褐色斑点，随着叶片展开，形成连片穿孔。早期桃毛倒立、流胶，随着桃生长膨大，受害部位凹陷，出现不规则条痕。

【形态特征】成虫体长 5 毫米，宽 2.2 毫米，绿色，密被短毛。头部三角形，黄绿色，复眼黑色突出，无单眼。触角 4 节，丝状，较短，约为体长 2/3，第 2 节长等于 3、4 节之和，向端部颜色渐深。触角第 1 节黄绿色，触角第 4 节黑褐色。前翅绿色，膜片半透明、暗灰色。卵长 1 毫米，黄绿色，长口袋形。卵盖奶黄色，中央凹陷，两端突起，边缘无附属物。若虫 5 龄，与成虫相似，体型小，没有翅，有微小翅芽。腿较长，行动灵活。发现嫩梢有虫斑时，左手托梢，右手翻找，可以找到绿盲蝽。

【发生原因】绿盲蝽一年发生 3~5 代，以卵在桃树皮下或断枝中及土中越冬。翌年 3~4 月旬平均气温高于 10℃、相对湿度高于 70% 时，卵开始孵化，在新萌发幼芽缝隙内取食危害。通常在

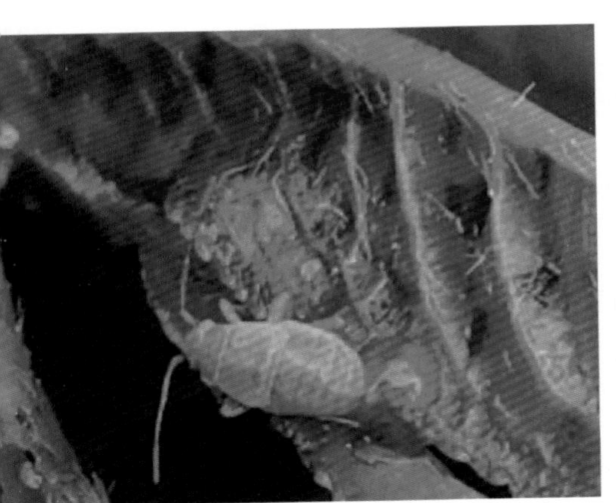
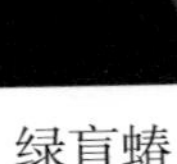

绿盲蝽

绿盲蝽危害叶片和果实

果园发生 1 代，危害期 40 天，成虫转移到其他植物上生存繁殖。待到 9 月底前后，成虫陆续返回果园产卵越冬。绿盲蝽成为果树主要害虫，重要原因是果园清耕，绿盲蝽失去了食物来源，只能危害桃树，或早期虫害不重视。

【防控措施】

（1）冬季修剪时，清除树上干枯枝条、干橛，减少越冬卵基数。

（2）绿盲蝽成虫对性诱剂有很好的趋性，在秋季于果园外围多悬挂诱捕器，捕杀来园产卵的成虫，降低虫口基数。

（3）在早春桃树开花前，绿盲蝽幼虫孵化、危害初期喷药防控，选用噻虫嗪、吡蚜酮、噻虫胺、呋虫胺等。

（4）浇水养草，分散危害。于 10 月大水漫灌园区，促进越冬草萌生，翌年春季果园草资源丰富，为绿盲蝽提供更多的食物，可减少树上发生量。

四、桃树苹小卷叶蛾

【症状特点】苹小卷叶蛾曾经是主要危害苹果的鳞翅目害虫，现在危害桃树越来越普遍。苹小卷叶蛾既能危害桃树幼芽、花蕾，又能危害叶片、果实。危害幼芽、花蕾，主要造成虫孔洞；危害叶片，主要是吐丝将叶片拢起，在中间取食；危害果实，主要是啃食果面，形成虫口、虫痕。幼虫青绿色，两头尖细，虫体灵活，受到震动后吐丝悬垂，以避开危险。

【形态特征】成虫体长 6~8 毫米，翅展 16~21 毫米，身体棕黄色。前翅为淡棕色到深黄色，后翅灰褐色，缘毛灰黄色。老熟幼虫体长 17 毫米左右，身体细长，淡黄绿色或翠绿色。蛹长 9~10 毫米，黄褐色，体较细长。腹部 2~7 节，各节背面有二横列刺。腹部末端臀棘发达，有 8 根钩状刺毛。卵块表面有黄色蜡质物，初产时黄绿色，很快变鲜黄色，呈鱼鳞状排列。

苹小卷叶蛾

【发生规律】苹小卷叶蛾一年发生3~4代，辽宁、山东一年发生3代，黄河故道地区和陕西关中一年可发生4代。2~3龄幼虫在粗翘皮下、剪锯口周缘裂缝中、枝干上的枯叶下、芽丛中结白色薄茧越冬。翌年桃树萌芽后苹小卷叶蛾幼虫出蛰，盛花期为出蛰盛期，并吐丝缠结幼芽、嫩叶和花蕾危害，长大后则多卷叶危害，老熟幼虫在卷叶中结茧化蛹。6月中旬越冬代成虫羽化，7月下旬第一代羽化，9月上旬第二代羽化。成虫有趋光性和趋化性。成虫

苹小卷叶蛾危害桃花

苹小卷叶蛾危害叶片

苹小卷叶蛾危害果实

夜间活动，对果醋和糖醋都有较强的趋性，对性信息素特别敏感。设置性信息素诱捕器，可准确监测成虫发生期的数量变化。

【防控措施】苹小卷叶蛾具有较强的耐药性，常规杀虫剂效果不理想，发生代数多，世代重叠，防控压力大。

（1）抓住早春越冬代出蛰集中的特点，于开花前用药防控。

（2）苹小卷叶蛾的天敌为绒茧蜂，注意保护，不用菊酯类、毒死蜱等广谱杀虫剂。采用生草覆草技术，可以有效控制苹小卷叶蛾基数。

（3）运用糖醋液、苹小卷叶蛾性诱剂等诱杀，每亩挂设30~40个诱板，挂设在园区外围效果更好。

（4）推广使用安全低毒、低残留杀虫剂，如奥得腾、灭幼脲三号、氟铃脲、甲维盐等对苹小卷叶蛾、食心虫、潜叶蛾等有高效，对天敌较安全。

五、桃蛀螟和梨小食心虫

【症状特点】桃树主要发生桃蛀螟和梨小食心虫。桃蛀螟从果面直接啃食，吐丝粘连虫粪做虫室，特别喜食对桃、粘连叶片和枝干的桃子。梨小食心虫则从果面钻孔，直接蛀入果心取食，也能穿透纸袋，套袋果实同样受害。

桃蛀螟为鳞翅目、螟蛾科、蛀野螟属害虫，也称桃蛀野螟，幼虫俗称蛀心虫，属重要蛀果性害虫，主要危害桃、板栗、玉米、向日葵、苹果、李、山楂等。

梨小食心虫为卷蛾科、小食心虫属害虫，早期危害枝条，造成流胶、折梢，也叫折梢虫，广泛危害苹果、梨、桃、樱桃、枣等。

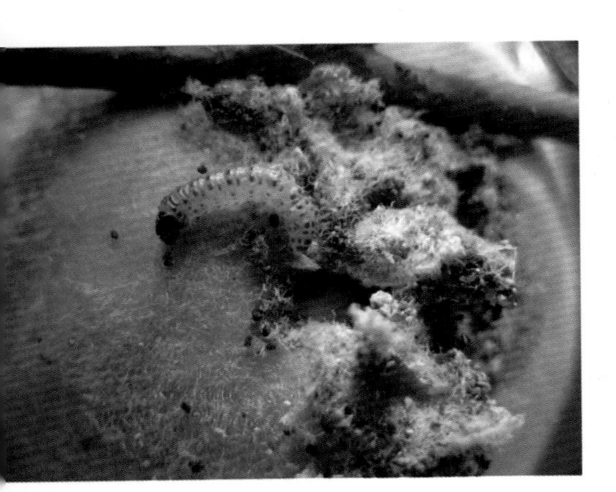

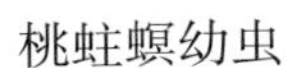
桃蛀螟幼虫

桃蛀螟成虫

【形态特征】桃蛀螟成虫体长12毫米，翅展22毫米，黄色至橙黄色，体、翅表面具许多黑斑点，似豹纹。卵椭圆形或扁平圆形，长0.6毫米、宽0.4毫米。卵由乳白色渐变橘黄色、红褐色，即将孵化。老熟幼虫体长22毫米，有淡褐、浅灰、浅灰蓝、暗红等色，腹面多为淡绿色，头暗褐色，前胸盾片褐色，臀板灰褐色。各体节毛片明显，灰褐至黑褐色，背面的毛片较大，呈二横列，前大后小、前圆后扁。蛹长13毫米，由淡黄绿变褐色，臀棘细长，末端有6根曲刺。

梨小食心虫成虫体长5.2~6.8毫米，灰褐色，无光泽。前翅密被灰白色鳞片，翅基部黑褐色，前缘有10组白色斜纹。在翅中室端部附近有一明显小白点，近外缘处有十余个黑色斑点，腹部灰褐色。卵为椭圆形，直径0.5毫米，两头稍平，中央凸起，乳白色。老熟幼虫体长10~13毫米。初孵幼虫体白色，后变成淡红色。头部、前胸背板均为黄褐色。肛门处有臀栉，有齿4~6根。腹足趾钩单序环式，有30~40根。臀足单序缺环，有20余根。蛹黄褐色，长6~7毫米；腹部第3~7节背面前后缘各具一行短刺，第8~10节各具一行稍大刺，腹部末端具钩状刺毛。茧白色，长 10 毫米，丝质，椭圆形，底面扁平。

【发生规律】桃蛀螟一年发生 3 代，以老熟幼虫在向日葵、玉米秸秆中越冬。翌年 4 月化蛹，5 月中旬羽化成虫，5 月下旬（小麦黄穗）时在桃子上产卵，5 月底至 6 月初为桃园第一代幼虫防治关键期。

梨小食心虫一年发生4代，以老熟幼虫在粗皮裂缝内结茧越冬。翌年春天 3 月下旬化蛹，4 月初羽化成虫，成虫多在白天羽化，昼伏夜出，在晴暖天气上半夜活动较盛，有明显的趋光性和趋化性，对性诱剂敏感。越冬代成虫多产卵在叶背上，卵散产，通常 4 月上旬（桃树新梢长到 8~10 厘米时）出现幼虫危害。第一代成虫高峰期发生在 5 月上中旬，多产卵在果面上，一果多卵，因此，后期也常见一果多虫，近成熟的果实着卵量较大。幼虫孵化后，

梨小食心虫危害桃幼树

梨小食心虫危害叶和枝梢

梨小食心虫危害桃子，直达果心

先在产卵处附近啮食果皮，然后蛀果。高龄幼虫直接蛀入果心取食，能多次转果危害，近年来套袋桃子虫害严重，主要是梨小食心虫，可以咬破果袋，蛀食果肉。梨小食心虫第一代幼虫主要危害桃树新梢，由叶柄基部蛀入枝条内取食，多次转移危害。在田间看到桃树干枯枝梢，出现流胶，说明幼虫已经转移了。如果发现新梢萎蔫，未有流胶，说明幼虫还在梢内危害，可以劈开新梢查找。在仅有桃幼树的园区，幼虫一直危害新梢。

【防控措施】

（1）根据桃蛀螟产卵习性，通过检测虫卵量确定防控时机；

或者根据梨小食心虫性诱剂敏感的特点，通过性诱剂诱捕成虫检测虫量，确定防控用药。

（2）选用菊酯类、甲维盐、茚虫威、灭幼脲、氟铃脲等杀虫剂，防治效果好。但是，一旦梨小食心虫蛀入果中，这类触杀、胃毒药剂几乎没有效果，而且多数药剂持效期仅 7~10 天。选择持效期更长的氯虫苯甲酰胺类杀虫剂，既具有触杀胃毒作用，又有较好的内吸杀虫作用，对钻蛀果实里外的害虫都有效果，一次用药持效期达 25 天左右，防控效果好；不伤害天敌，能达到生态防控的效果。如喷雾 35% 奥得腾可分散粒剂 8 000 倍液，通常每生长季节喷雾 2~3 次，就可以收到良好效果。

六、桃炭疽病

【症状特点】桃炭疽病初期在果实表面形成圆形水渍状斑点，逐步发展为中部凹陷病斑，湿度大时产生分生孢子器，呈同心轮纹状排列。病斑呈规则圆形、凹陷。主要见近成熟果实发病，偶尔见到幼果发病的。

【发生原因】见苹果炭疽病相关内容。

【防控措施】

（1）果实套袋：果实套袋是防控炭疽病的有效手段，但也需要在谢花后连续喷药 2~3 次，才可以套袋。

（2）幼果期喷药：如 70% 甲基硫菌灵 700 倍液 + 一刺清（75% 噻虫・吡蚜酮）+ 盖美特；40% 氟硅唑 6 000 倍液 + 雾杀（呋虫・吡蚜酮）+ 盖美特；75% 蒙特森 1 200 倍液 +70% 甲基硫菌灵 1 000 倍液 + 盖美特 + 一刺清。

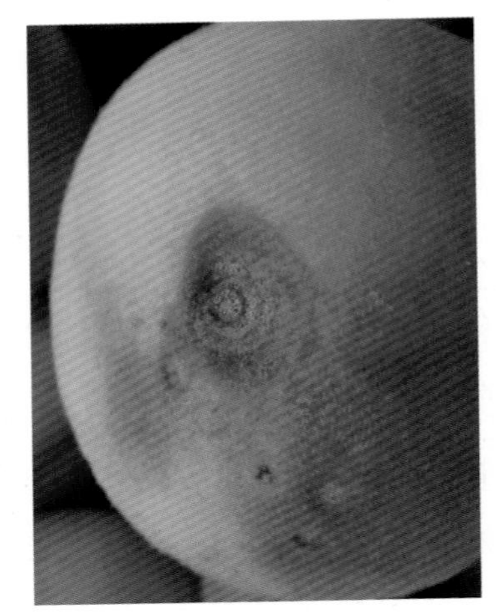

炭疽病

（3）果实膨大后期防控：喷雾40%氟硅唑4 000倍液。

（4）生草覆草：预防日灼伤的重点是生草覆草，行间生草、树盘覆草，铺设滴灌管道，采用水肥一体化和控制氮、磷、钾肥料使用量，增施生物菌发酵有机肥、海藻酸和硅钙肥，提高土壤活性和果树抗逆性。

（5）科学修剪：通过整形修剪，改善树体结构，既有利于通风透光，又能适当遮阴保护，减轻主枝及果实日灼伤程度，减少发病。

七、桃褐腐病

【症状特点】桃褐腐病又称灰腐病、果腐病、菌核病等，是由丛梗孢属桃褐腐病菌侵染所引起的，主要危害果实，也可危害花、叶片和枝条。果实从幼果期到成熟期均能发病，以接近成熟期和贮藏期的果实受害最重，可造成大量烂果、落果。受害果实不仅在果园中相互感染发病，而且在贮运中也能继续感染发病，造成较大损失。

桃褐腐病桃子

桃褐腐病主要危害果实，发病初期在果面产生淡褐色圆形或近圆形小斑，斑部果肉很快腐烂。环境适宜时，病斑在数日内便可扩展到整个果实，呈褐色腐烂。果面产生灰白色绒球，呈同心环纹状排列，即病菌分生孢子体。发病后期，整个果实充满菌丝，菌丝与果肉组织夹杂在一起，形成大型假菌核。树上的僵果不易脱落而吊挂在树上。贮运期果实受害，常造成烂箱或烂筐。花朵多从雄蕊及花瓣尖端开始发病，产生褐色水渍状斑点，逐渐扩展至全花，使残花变褐枯萎。潮湿时，病花迅速腐烂，表面丛生灰褐色霉丛；干燥时，病花变褐萎垂，干枯后残留枝上，长久不脱落。嫩叶发病，自叶缘开始，产生褐色水渍状病斑，后扩展到叶柄，使全叶变褐萎垂，最后病叶似霜害状残留枝上。枝条发病，多由染病的花梗、叶柄及果柄蔓延所致。在枝条上产生长圆形、灰褐色、边缘为紫褐色的溃疡斑，中间稍凹陷。初期病斑常有流胶，当溃疡斑扩展并

病菌危害嫩枝

环绕枝梢1周时，病斑以上枝条即枯死。天气潮湿时，溃疡表面也产生灰色霉层。该种病原除可侵染桃树外，还可侵染李、杏、樱桃等。

【发生原因】

（1）桃褐腐病病菌主要以菌丝体在树上及落地的僵果内或枝梢溃疡斑部越冬，分为初次侵染和再次侵染两个阶段。悬挂在树上或落于地面的僵果，即病菌的假菌核，翌年春季产生大量分生孢子，借风雨或昆虫传播。通过病虫伤口、机械伤口或自然孔口侵入果实，也可直接从柱头、蜜腺侵入花器，造成花腐，再蔓延到果柄和枝梢。

（2）低温、潮湿、多雨条件。病菌发育最适温度为25℃左右，在10℃以下、30℃以上菌丝发育不良。分生孢子在15~27℃发育良好，10~30℃都能萌发，以20~25℃最适宜。

（3）病虫伤、冰雹伤、裂果等，会加重病情。

（4）树势衰弱、管理不当、枝叶过密以及地势低洼的桃园，发病较重。

（5）贮藏期病果与好果接触，高温潮湿的储存环境，也可引起果实大量腐烂。

【防控措施】

（1）采用良好环境栽培技术，生草覆草，增施生物菌肥、生物有机肥、中微量元素肥，减少日灼伤口，提高抗病性。

（2）起垄栽培，做好园区排水工作。

（3）关注天气预报，遇连续阴雨天、低温高湿天气，提前喷药预防，特别是中晚熟品种。根据天气状况安排开袋时间，及时喷药防护。

（4）幼果期喷药，同桃炭疽病防控措施。

（5）褐腐病发生期及开袋后，喷雾 40% 氟硅唑 4 000 倍液 + 井冈蜡芽菌 + 盖美特。

八、桃树细菌性穿孔病

【症状特点】桃树细菌性穿孔病是桃树的重要病害，特别是黄桃、寿桃等晚熟桃品种。随着桃树规模化种植，该病日益发生严重，甚至有的园片大暴发，造成大量落叶，果实流胶、穿孔，甚至绝产。

（1）叶片：发病初期，叶片上出现淡褐色水渍状小点，多在叶尖或叶缘散生，逐渐扩大成紫褐色至黑褐色病斑，周围呈水渍状黄绿晕环。随后病斑干枯脱落形成穿孔，边缘角质化，直径2毫米。

（2）果实：果面上初为褐色水渍状小圆斑，后扩大为暗紫色、圆形、中央微凹陷病斑。空气湿度大时病斑上有黄白色黏性物质。干燥时病斑及其周围常发生小裂纹，严重时发生不规则大裂纹，裂纹处易被其他病菌侵染，造成果实腐烂。但此病只限于果实表面发病，形成“花脸”。

（3）枝条：形成两种不同形式的病斑。春季溃疡斑多发生在上一年夏季已被侵染的枝条上。当春季第一批新叶出现时，特别是有降雨时，枝梢上形成暗褐色、水渍状小疱疹，直径 2 毫米，以后扩展至直径 1~10 厘米，但宽度不超过枝条直径的 1/2，有时可造成枯梢。夏季溃疡斑多于夏末发生，在当年嫩枝上产生水渍状、褐色斑点，圆形或椭圆形，中央稍凹陷。病斑多以皮孔为中心，最后皮层纵裂发生溃疡，病斑多时枝条枯死。

穿孔病

【发生规律】病原是桃李穿孔致病型黄单胞杆菌。病菌主要在枝梢溃疡斑中越冬，翌年春季随气温上升，特别是有降雨时，从溃疡斑内滋生出菌液，借风雨和昆虫传播，经叶片微伤口、气孔和枝梢皮孔侵染，引起当年初次发病。一般 5 月开始发病，6 月上旬为发病高峰期。夏季干旱时病势进程缓慢，到雨季发病严重。

桃树连片种植，展叶期遇大风、雨水多或多雾天气发病重，树势衰弱、通风透光不良、偏施氮肥的果园发病重。桃品种不同，发病程度也不同，黄桃、寿桃品种较多园区发病重，栽植在风口风道的感病品种首先发病，可以作为指示树。

【防控措施】

（1）采用生草覆草技术，稳定园区环境温、湿度，促进树势强壮，提高抗病性。

（2）栽植防护林，特别是在园区东北侧、北侧、西北侧，以栽植双排黑松、柏树为好。栽植适应性强的白皮松，具有更好的防护作用。

（3）园区清理，减少病菌量。秋后彻底清除落叶、病果，剪除病枝深埋。

（4）药剂防控。早春发芽前选择内吸性强的防治细菌性病害药剂，全株喷雾清园，减少病菌量，如20%噻森铜300~500倍液，噻霉酮、噻菌铜等。络氨铜、松脂酸铜、波尔多液、氢氧化铜也有一定的清园效果，在干枝期可以喷用，由于不具备内吸性，发病重的园片效果不理想。桃树对波尔多液、氢氧化铜等无机铜制剂敏感，生长期禁止使用。络氨铜、松脂酸铜等相对安全些，可以避开幼嫩期使用，但是多雨季节应慎重使用。

开花前（铃铛花期）喷雾荧光假单胞杆菌、梧宁霉素、中生菌素等生物农药，预防效果好。谢花后，进入细菌性穿孔病侵染发病高峰期，要时刻关注天气预报，及时用药。最好在大风之后、降雨和降雾之前用药，才能达到防控效果。选用生物农药如假单胞杆菌、梧宁霉素、中生菌素、乙蒜素、春雷霉素，低毒安全农药如噻森铜、噻霉酮、噻菌铜、噻唑锌，混合代森锌，可以提高防效、延长保护期。7~8月避开多雨期，可以使用络氨铜、松脂酸铜等，也是比较安全的。

铃铛花期：喷雾40%氟硅唑5 000倍液+20%噻森铜500倍

液 + 噻虫吡蚜酮 + 优质硼。

谢花后：喷雾 70% 甲基硫菌灵 700 倍液 + 中生菌素 + 一刺清（75% 噻虫 · 吡蚜酮）+ 盖美特；40% 氟硅唑 6 000 倍液 + 荧光假单胞杆菌 + 雾杀（呋虫 · 吡蚜酮）+ 盖美特；75% 蒙特森 1 200 倍液 +70% 甲基硫菌灵 1 000 倍液 + 噻霉酮 + 盖美特 + 一刺清。

九、桃树黄叶病

【症状特点】近年来桃树叶片黄化、衰弱发生较多，称为桃树“癌症”。桃树一个主枝或者全株黄化，叶脉组织绿色，脉间组织褪绿黄化，类似缺铁症状。高产桃树发生重，黄化逐年加重、产量下降，三五年后主枝枯死，甚至全树枯死。

黄叶病

【发生原因】

（1）连续不当用肥，土壤酸化、板结、盐渍化，影响桃树根系生长和吸收，部分细弱根逐步枯死。

（2）负载过重，树势衰弱。

（3）排水不良，阶段性积水沤根。

（4）冻害破坏果树输导系统。

（5）防治不当，看到缺铁症状，一味补充铁肥，收不到良好效果。

【防控措施】

（1）采用良好环境栽培技术，推广果园生草覆草技术，增施有机肥、生物有机肥、海藻生物有机肥，补充有益生物菌。通过改善土壤环境条件，提高土壤涵养力、土壤活力，促进根系生长及对铁素的吸收。合理调控氮、磷、钾肥料，控制土壤酸化、板结、盐渍化程度，施用金龟二代硅钙肥，补充铁等微量元素，强壮果树生长势。

（2）合理负载，通过修剪、疏花疏果等措施，正确调控负载产量，稳定树势。

（3）做好园区排水、防涝、防寒工作，选择抗低温品种。

（4）树上喷雾与土壤防控相结合。早春开花前后，结合防治蚜虫，喷雾螯合铁混合太抗几丁或者氨基酸、海藻酸等叶面肥料，土壤浇灌螯合铁＋金龟原力、根旺生物菌等活性肥料，强壮树势。

十、桃果肉褐化

【症状特点】桃果肉褐化发生越来越多，轻度发生外观没有明显变化，剖开发现果肉组织局部或者全部褐化。表皮下层组织褐化，快速向果核扩展。发展严重时，果实表皮可见水渍状、褐色、形状不规则的湿腐斑块，斑块相连成片，最后全果腐烂，但是不产生霉层。与褐腐病不同，褐腐病果肉褐化，但是果面产生白色绒球状菌丝体，整个果实变成大的菌核。有些桃储存后也会褐腐，但是不软化、不生霉。

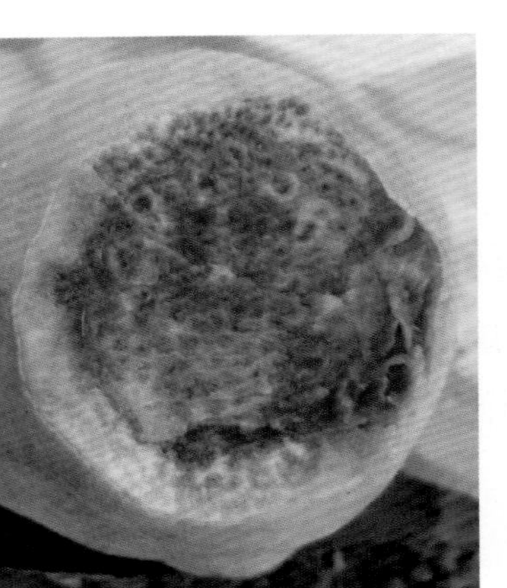

桃果肉褐化

【发生原因】桃果肉褐化主要是缺钙造成的，特别是早春多雨、地温低、徒长性过强等，树势衰弱、早期落叶或者果实遭暴晒，也会导致果肉褐化；桃在低温环境下储存时间过长，也会发生果肉褐化。

【防控措施】采用良好环境栽培技术，同桃黄叶病。

（1）施用金龟二代硅钙肥，补充钙、硼等多种中微量元素，改善土壤结构状况，减轻酸化程度，提高土壤营养元素的可吸收利用率。

（2）树体补充钙、硼，多次补充，开花前着力补硼，谢花后、套袋前一般要喷 3~4 次钙或钙硼同补。

（3）有些果园培土太深、排水不良，地下害虫如蛴螬等发生较重，也会影响根系吸收营养，表现出树体缺素，应对症处理。

（4）合理修剪，平衡树势，控制徒长，影响果实钙素分配。主枝背上适当保留小型枝条，减轻日灼伤程度，避免肉质褐化。

十一、桃畸形

【症状特点】桃畸形主要是尖部凹陷，果尖部一侧皱缩，发育不充分，不能正常转色，皮下组织硬化，重者褐化；果形扁宽异常，果核开裂，果柄开裂，降低了商品性，不耐储存；或者发育为“双胞胎”“多胞胎”，即一柄一果两果尖或者多果尖，内部为对核或者多核。

“双胞胎”畸形果

裂核

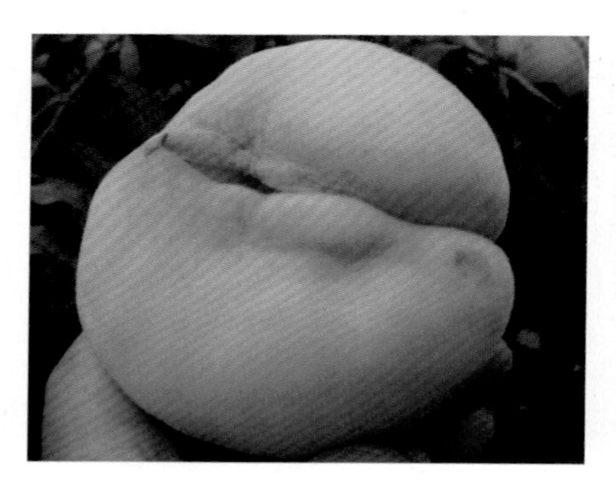

畸形果

缺钙导致绿斑

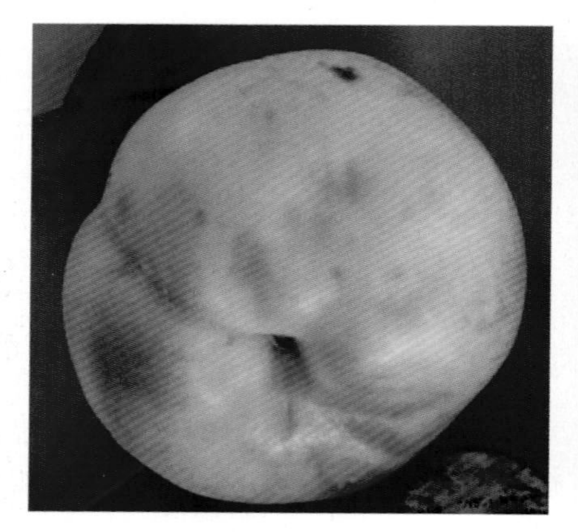

缺硼导致畸形果

缺钙导致桃发育不良

【发生原因】与桃品种有关，不同桃品种对环境的适应性不同。花芽分化后期遇高温干旱、强日照，易导致花芽过度发育，出现“多胞胎”果。土壤环境恶化，影响钙、硼等的吸收，早期严重缺钙易发生裂核、宽型果；桃快速膨大期缺钙，导致果实发育不充分，出现果尖一侧畸形。

【防控措施】选择抗逆性强的桃品种，其他措施同桃果肉褐化。

十二、桃树内膛枝枯死

【症状特点】开心形、三挺身开心形桃树盛果期，内膛枝条逐步枯死、减少，结果部位迅速外移，使树体负载量快速下降。有的内膛枝条发育后，逐步出现叶片黄化、干枯，从新梢基部向生长点部位扩展，最后干枯死亡。有的内膛枝进入7~8月枝条衰弱，叶片早落，翌年春季不再萌发，内膛枝干枯死亡。主干形、高纺

主枝多

基部枝枯死

锤形桃树，则表现为中下部小枝衰弱、干枯，结果部位上移。

【发生原因】

（1）不当修剪，尤其是内膛、下部枝条保留过少、短截不足，外围、上部枝条保留过多、短截重。翌年树体外围枝生发量大，营养竞争力强，加重了内膛枝条枯死。

（2）春季施肥过晚，肥料发挥作用时正值新梢旺长期，导致枝条徒长；氮、磷肥料使用过多，造成徒长；施肥量过大、过于集中在主根周围，或者施用的有机肥未经充分腐熟，施肥后烧根，造成毛细根枯死，引起对应内膛基部细弱枝干枯死亡。

（3）夏季修剪不到位，6、7、8月没有及时处理强旺枝、徒长枝，造成营养外移、上移，导致内膛枝、下部枝营养不足，衰弱枯死。

（4）其他，如负载过量、低洼积水、冬季低温冻害等。

【防控措施】

（1）采用果园生草覆草、土壤生态施肥技术。避免早春追施氮、磷、钾肥料，以秋季施肥为主。拒绝使用未经充分腐熟的圈肥、饼肥等。

（2）建好园区排水系统，栽植防护林，树干涂白以预防冻害。

（3）保持合理负载、稳定树势，通过修剪、疏花疏果调控产量。

（4）做好冬夏季修剪，参照桃树修剪。

十三、大棚桃树花而不实

【症状特点】大棚栽植桃树，让人们早春就可以品尝到新鲜桃子，丰富了市场供应，增加了桃农收入。但不是所有的大棚桃都能丰收，有些大棚桃树开一树花，只结几个果。幼果随谢花一起脱落，或者谢花后幼果逐步脱落，有些桃发育到拇指大小仍会脱落。

【发生原因】

（1）温度过高。在大棚桃树花芽发育期，棚内适宜气温为白天 20~25℃、夜间 5℃；桃农为了让桃树快速开花，棚内气温白天控制在 25~30℃、夜间 10℃以上。这样会导致花器发育畸形，雌蕾过长超过雄蕾，增加了授粉难度；花期棚温过高，缩短了花粉寿命，使柱头快速干缩，严重影响授粉，降低坐果率。

（2）湿度过大。桃树开花前浇水，棚内湿度过大，影响授粉或者造成营养生长旺盛。

（3）辅助授粉措施不当。大棚内由于空间封闭、空气流动差，不利于花粉传送。

大棚桃树花蕾

（4）用肥不当。过多施用氮、磷肥料，导致树枝徒长。

（5）用药不当。开花前用了影响坐果率的农药，如毒死蜱等，或者花期用药。

【防控措施】

（1）调控好大棚内的温、湿度。控制好开花前棚温，确保花芽发育良好；控制好花期棚温，白天棚温18℃最好；控制好幼果发育早期棚温，以25℃以下为宜。花芽萌动后控制浇水，使开花期棚内湿度保持在50%~60%，有利于开花授粉，提高坐果率。

（2）补充营养，开花前喷雾优质硼、海藻酸、氨基酸等肥料。

（3）棚内释放蜜蜂、壁蜂等进行辅助授粉，最好人工辅助授粉。

（4）开花前后不可喷用毒死蜱等有机磷农药，花期最好不喷雾农药，以保护花器，确保蜜蜂能进行良好辅助授粉。于开花前喷用噻虫嗪、啶虫脒、溴氰虫酰胺等防控害虫，配合喷硼、杀菌防病等，如70%甲基硫菌灵700倍液+75%噻虫吡蚜酮3 000倍液+优质硼。

（5）增施有机肥、生物有机肥、海藻生物菌肥等，补充有益生物菌，施用金龟二代，补充钙、硼等中微量元素，提高土壤肥力，平衡树势，提高坐果率。

第五章　梨病虫害生态调控技术

一、车头梨生态调控技术

1. 品种特性

车头梨是山东沂南特有的地方品种，又叫坠子梨、车头贡梨。据记载，沂南在明朝就进贡车头梨。经过当地数百年的栽培驯化，车头梨逐渐形成了一个抗旱、抗瘠薄、抗病性强，极耐储存、运输，有润肺、止咳效果的地方名优梨品种，又称“长寿梨”。

车头梨为长圆柱形，中间粗，故得名“车头梨”；果面茶褐色，散生灰白色小圆形星点；果肉白色带浅黄，组织致密精细、果汁浓，石细胞少，口感脆甜、梨香浓郁；一级果重 80 克以上，二级果平均重 30~50 克，最大单果重 260.5 克，二级果果核占比略大。通过整形修剪、疏花疏果，采用良好生态调控技术，一级果率可以达到 80% 以上，果核占比显著下降。

车头梨树势强壮，枝条直立，抽枝力强，当年生枝可以长到 1.5 米以上，定植 3~5 年后可以形成高产树形。成花容易，当年生短枝可以形成花芽，长枝甩放当年成花率高，连续结果能力强；萌芽率高，新定植幼树不定干，当年可以生发大量

车头梨花

车头梨果实

百年车头梨树

柱形车头梨树开花

短枝，容易培养成圆柱形或者细长纺锤形结果树。

2. 选址与建园

园址选择要符合设计规划，距离生活区、养殖区 800 米以外，以无污染、排水良好的沙质壤土地块为好。车头梨树适应性强，耐瘠薄，较抗旱、耐寒，在山地丘陵和平原地栽培均能生长良好，适合各地栽培。

根据树形设计，按照株行距4米×2米、4米×3米、3米×1.5米起垄栽培。山岭地要按照等高线方向起垄，平地可以南北向起垄，通常垄高20~50厘米，垄面宽1.5米，垄底宽2.5米。起垄时可以深层埋施作物秸秆、充分腐熟的有机肥，栽植时开穴30厘米深，穴施优质生物菌肥2~3千克。栽植当天浇小水，晒地5~7天后浇透水，然后覆盖银灰色地膜。行间少量种植矮株作物、蔬菜，如花生、大姜，或者保留生草。

根据规划设计，提前培育或于春节前采购好梨苗，假植备栽。选择优质苗木，成品苗株高90厘米以上，茎基部直径0.8厘米以上，根系鲜亮，主根3~5条，侧根多数，无病虫害，枝条上有6个以上饱满芽；半成品苗要求距离砧木嫁接口下0.6厘米以上愈合良好，芽眼饱满无损伤，根系良好；二年苗要求有树形设计要求的主枝、主干，根系发达；三年苗要求枝干齐全，树形符合设计要求，具有一定量的花芽，芽体饱满，根系发达，无病虫害。提倡移栽大苗，能快速投产见效。三年生以上的苗木能当年结果，缩短培育时间，提升建园成效。

3. 栽培管理技术

（1）生草覆草：果园采取行内或者树盘覆草、行间生草的生态技术管理，创造良好的小气候环境，减轻病虫害发生，减少农药投入，降低污染，提高果品质量。在秋季施肥或者麦收后，覆盖麦秸、麦糠、玉米秸、姜苗、杂草、落叶等。在树冠下覆草，幅宽70~150厘米，厚度20~25厘米。覆草后及时浇水，压少量土、石块，覆草3~4年后浅翻1次，起到非常好的引根向下，保水、保墒、保温，预防水土流失的作用。结合深翻开大沟埋草，可提高深层土壤的肥力和蓄水、供肥能力。

（2）施肥：采用果园生态施肥技术。每年于膨果期、秋季转色期，根据坐果情况和树体长势追肥，以有机水溶肥、生物菌肥为主，泼浇或者滴灌。

全年 2~4 次叶面喷肥。一般开花前叶面喷优质硼，结合防治蚜虫、绿盲蝽、梨木虱、梨象甲及褐腐病、腐烂病进行。在果实膨大期，结合喷药防病施肥，以保果保叶，早期以钙肥为主，后期根据树势、结果情况，喷施海藻酸、氨基酸、生物菌液、金龟原力、海思力加等。

（3）水分管理：车头梨采用生草覆草技术后，全年基本不用浇水，干旱年份早春浇好发芽水，冬季浇好防冻水，6~7 月根据墒情确定是否浇水，以滴灌为好。

（4）整形修剪：车头梨树多采用自然圆头形，主干高 2 米左右，分生主枝，树体高 5~10 米，生产管理极不方便。现在新建园树形以小冠疏层形、细长纺锤形为好，树体总高度控制在 3 米以内，便于生产管理。采用小冠疏层形修剪时应注意，定植后在 70~80 厘米处定干短截，生发枝条长 10 厘米时，用牙签开张角度；翌年在中央领导干 80~100 厘米处短截，一层选留 3~4 枝，按 70~80 厘米短截，培养主枝。其余枝条甩放、拉枝，促进成花结果。采用细长纺锤形，第一年注意上部萌发的强势枝条，用牙签开张角度或者留橛短截再发，下部枝量不足处可以通过刻芽、短截促发分枝。冬季修剪时，回缩上部竞争枝，短截促生中下部枝条，以平衡上下树势、开张角度为主。

成龄梨园冬季修剪要重点清除竞争枝、重叠枝，剪除病虫枝，清除病僵果，促进树形形成；加强生长季修剪，拉枝开角，及时疏除树冠内直立旺枝、密生枝和剪锯口处的萌蘖枝等，以增加树冠内通风透光度，辅助培养骨架枝；老树区在采果后、落叶前修剪大枝，主要是疏通工作道，解决果园通风透光问题，方便管理。落叶后再进行细节修剪，以短截、回缩修剪为主，复壮树势，提高结果质量。

4. 车头梨病虫害生态调控与防治技术

车头梨由于是地方古老梨品种，几百年来形成了稳定的生态系统，病虫害种类较少，基本通过自然调控，不喷洒农药也可以取得良好收获。山东沂南车头梨老产区几千株80~150年生的老梨树，树高达10米左右，一直没有喷洒农药，仍持续高产。

新栽植车头梨园，要以良好环境为基础，做好病虫害预测预报，科学配合使用高效、低毒、低残留农药。

（1）采取剪除病虫枝，清除枯枝落叶，刮除树干翘，裂皮集中深埋，行间生草、树盘覆草，科学施肥等措施，减轻病虫害的发生程度。

（2）根据害虫生物学特性，采取放糖醋液，树干缠草绳，使用粘虫环、性诱剂等，诱杀草履蚧、梨小食心虫、绿盲蝽、果蝇等害虫。

（3）车头梨产区注意保护瓢虫、草蛉、食蚜蝇、绒茧蜂、蚜茧蜂、捕食螨等天敌，禁止使用广谱杀虫剂，通过生草覆草改善天敌生存环境、分散害虫，可以控制树上害虫处于较低水平。配合土壤施用白僵菌、解淀粉芽孢杆菌；挂设昆虫食诱剂、性激素诱杀或干扰成虫交配；喷雾灭幼脲、氟铃脲、阿维菌素等生物农药，奥得腾等微毒高效农药，噻虫嗪、吡蚜酮、螺虫乙酯、呋虫胺、噻虫胺、氟硅唑、戊唑醇、丙环唑、腈菌唑、甲基硫菌灵等低毒高效农药，可以进行安全生产。

（4）叶面施肥。开花前，喷雾 30% 呋虫吡蚜酮 2 000 倍液 +40% 氟硅唑 5 000 倍液 + 优质硼；谢花后，喷雾 70% 甲基硫菌灵 700 倍液 +1.8% 阿维菌素 3 000 倍液 + 盖美特；7 月下旬，喷雾 40% 氟硅唑 6 000 倍液 +60% 呋虫吡蚜酮 2 000 倍液 + 海藻酸；8 月中旬，喷雾 30% 苯甲丙环唑 1 000 倍液 +60% 呋虫吡蚜酮 2 000 倍液 + 海藻酸。

5. 采收、储存、包装

车头梨 10 月下旬成熟，一次性采收，去除病虫果、损伤果，根据着色度、果形、果个进行分级，纸箱包装。所用的箱板、隔板、果垫及其印色、胶水、封箱胶纸等应清洁、无毒，符合绿色标准。箱体两端留气孔 4~6 个，直径 8 毫米左右；同一批包装件应装入等级一致的果。

车头梨采收后不能马上食用，经过 20~30 天后口味更好，品质更佳；未及时销售的，要按等级和销售计划立即入库，分别储存。车头梨可以常温库储存，也可以恒温库 2℃储存。库存箱装果，直接着地和靠墙，铺盖塑料薄膜，码垛高 1.2~1.6 米，垛间留有通道，注意防蝇防鼠；在常温库和恒温库，可进行梨中长期贮藏保鲜。

二、梨锈病

【症状特点】梨锈病又称赤星病、羊胡子，是由担子菌亚门的梨胶锈菌侵染所引起的真菌性病害。主要危害叶片、新梢和幼果、叶柄、果柄等。叶片正面形成橙色圆形小斑点，病斑扩大、略凹陷，斑上密生黄色针头状小点，叶背面病斑逐渐隆起，后期长出黄褐色毛状物。果实、果柄、叶柄上的症状与叶背症状相似。锈病是梨树的重要病害，也侵害苹果、山楂、海棠、甜茶、龙柏、桧柏等。

龙柏锈病（冬孢子角吸水膨胀）

发病初期梨树叶片斑点

梨树叶片背面的锈孢子器

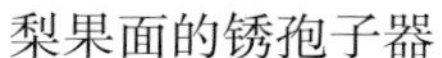
梨果面的锈孢子器

梨树幼枝叶柄的锈孢子器

【发生原因】

（1）梨园周围有龙柏、桧柏等转主寄主。

（2）4~5 月降雨，温度较低，湿度大。梨胶锈菌需要在两类寄主上完成生活史。夏天在梨、山楂、苹果等寄主上产生性孢子器及锈子器；秋后转移到桧柏、龙柏上产生冬孢子角，翌年 4 月初、5 月上中旬遇到降雨，柏树上的冬孢子萌发释放担孢子，顺风可以传播 2~5 千米，侵害果树。5 月下旬后由于气温升高，即使降雨冬孢子也不能再萌发传播了。

【防控措施】

（1）调整绿化植被，县城周围、城镇、社区的绿化不用龙柏、桧柏等，推荐使用黄杨、石楠、侧柏、黑松等。

（2）及时喷药防控，3 月底至 5 月中旬关注天气预报，降雨之前对梨树喷雾药剂防护，如吡唑代森联、噁唑菌酮锰锌、代森锰锌等；或者降雨后马上喷药补救，如 40% 氟硅唑 5 000 倍液、25% 腈菌唑 1 500 倍液，戊唑醇、己唑醇等混合代森锰锌喷雾，防控效果更好。

（3）转主寄主防控：于 3 月底、9 月初对梨园附近的龙柏喷雾强内吸性杀菌剂 40% 氟硅唑 3 000 倍液各一次，防止梨胶锈菌繁殖，减少菌源，效果良好。

三、梨木虱

【发生特点】梨木虱属半翅目木虱科，是中国梨树主要害虫之一，以幼虫、若虫刺吸芽、叶、嫩枝梢、果面的汁液。梨木虱成虫无危害，只产卵，产卵后迅速死亡。幼虫、若虫分泌黏液，招致杂菌，产生霉污，叶片、果面出现褐斑，造成早期落叶、烂果，严重影响梨的产量和品质。梨木虱喜欢群集危害，特别是在叶片与果面粘贴处及梨园尾蚜、梨二叉蚜、斑蛾、梨瘿蚊、梨卷叶瘿蚊危害的叶卷内。

梨木虱成虫分冬型和夏型，冬型成虫体长 2.8~3.2 毫米，体褐色至暗褐色，具黑褐色斑纹。夏型成虫体略小，黄绿色，翅上无斑纹，

梨木虱卵

梨叶片受害状

复眼黑色，胸背有4条红黄色或黄色纵条纹。卵为长圆形，一端尖细，具一细柄，初产时为淡黄白色，逐渐变为黄色。初孵若虫为扁椭圆形，淡黄色。若虫为扁椭圆形，浅绿色，复眼红色，翅芽淡黄色，突出在身体两侧。3龄后体呈扁圆形，绿褐色。翅芽显著增大，突出于身体两侧。体背褐色，有红绿斑纹相间。

【发生规律】梨木虱在山东一年发生4~6代，以冬型成虫形式在树皮缝、落叶、杂草及土缝中越冬；翌年3月上中旬越冬代成虫在梨树花芽萌动时开始活动，4月初为越冬代成虫产卵盛期。4月下旬至5月初为第一代若虫盛发期，6月中旬是第二代梨木虱若虫盛发期，也是药剂防治最佳时期。

【防控措施】

（1）采用生草覆草技术，10月前后进行果园造墒，促进优势草生发，打造翌年早春良好的果园生态环境。果园春夏秋季禁止清耕和使用除草剂，保护利用好当地的优势草种资源，分散害虫、养护天敌。

（2）抓住6月中旬二代若虫集中发生期，喷雾强内吸性杀虫剂螺虫乙酯，防控梨木虱若虫。间隔10天再次喷药，提高药剂浓度，保证杀虫效果。

（3）禁止使用广谱性杀虫剂，如高效氯氰菊酯、三氟氯氰菊酯、溴氰菊酯，以及毒死蜱等，保护天敌，进行综合防控。

四、梨果肉褐化

【症状特点】梨果肉褐化，又叫腐败病，果实胴部可见水渍状、褐色、形状不规则的湿腐斑块，斑块连成片，最后全果腐烂，果肉略有苦味。分种室尚好和种室先褐化两种情况，但是都没有霉层产生，与霉心病不同。霉心病是病菌感染花柱，引起种子褐化腐烂，产生粉红色、白色或者灰色霉状物，最后引起果肉变褐腐烂。

果肉褐化（种室尚好）

果实心腐（种室先褐化）

【发生原因】梨果肉褐化主要是缺钙造成的，坐果期开始缺钙，种室褐化。果实快速膨大后期缺钙，主要表现为果肉褐化、种室尚好。一切影响果实钙素吸收的因素，都可能引起梨果肉褐化。特别是早春多雨、地温低，后期持续降雨，根系功能下降等，都容易导致缺钙。土壤钙素缺乏，酸化、板结、盐渍化，有机质含量低，有益菌不足，都是发病原因。

【防控措施】采用果园生草覆草、生态施肥技术。有些果园培土太深、排水不良、地下害虫如蛴螬等发生较重，也会影响根系吸收营养，表现出树体缺素症。采取合理修剪、平衡树势、控制徒长等措施，促进果实对钙素的吸收。

第六章　枣病虫害生态调控技术

一、南泉冰枣生态调控技术

南泉冰枣是由山东沂南当地的团枣在南泉村芽变选育而来，因具有甜似糖、脆如冰的特点，故得名“南泉冰枣”。

南泉冰枣

1. 选育过程

山东省沂南县铜井镇南泉村原有许多老枣树，其中有一株枣树结团枣，口感脆甜、汁多，但个小。1997 年发现这株团枣树一下垂侧枝结枣个大，口感更甜、酥脆，遂于 1998 年采其接穗嫁接于野生酸枣 13 株，成活 9 株。1999 年全部结果，都比母株大，虽然果实外形相近，但口感有差异，果面光亮不一，筛选优良单株，采接穗再次嫁接（表 3）。经过几年反复试验，南泉冰枣性状表现逐步稳定。于2007年申报沂南县科技局，进一步观察、试验、筛选、扩大繁育、引种多地试种和大面积的栽培，现已建立几处示范生产基地，形成了栽培管理技术。

表3　南泉冰枣与母株对比差异

对比性状	南泉冰枣	母株
树势	树势强，枝条壮	树势较强，枝条细，易下垂
枣吊	平均长17.5厘米，最长达40厘米，坐果多、丰产	平均长15.1厘米、坐果较多、较丰产
叶片	长5~6厘米，宽3.5厘米	长4.2~5.2厘米，宽2.2~3厘米
果个	纵径3.6厘米，横径2.6厘米，平均单果重10.2克，最大单果重18.2克	纵径3.4厘米，横径2.2厘米，平均单果重9.2克
果型	倒卵圆形，成熟后为棕红色，果顶平	柱形，成熟后为浅红色
品质	果皮薄、肉细酥脆、汁多浓甜，品质上等	果皮薄、肉细脆嫩、汁多味甜，品质上等
果核	核小，短纺锤形，两端锐尖，纵径1.4~1.8厘米，横径0.8厘米，核纹明显、不均匀，重0.4克，成仁率高	核小，纺锤形，纵径1.8~2.2厘米，横径0.6~0.7厘米，重0.55克，核纹浅，成仁率高
坐果率	自花授粉结实率高，不需要采取促花坐果措施	花期需要采取促花促果措施，以提高坐果率
抗病性	高抗枣锈病，抗枣疯病	抗枣锈病、枣疯病
成熟期	9月中下旬成熟	9月中下旬成熟

2. 性状特点

（1）植物学特性：南泉冰枣树势强，树体中等大，枝条长壮。结果枝结果后易下垂，树姿较开张。主干与多年生枝灰褐色，栓皮为宽条块状，外表粗糙，有纵行网状裂纹，不易剥落。当年生枝红褐色，大部分枝条被覆白色浮皮，针刺不发达。枣吊平均长17.5 厘米，最长达 40 厘米。叶片为宽披针形，长 5~6 厘米，宽 3.5 厘米，厚绿；叶面平滑光泽；叶尖钝尖；叶缘平，锯齿浅，尖端圆。花序着生 7~15 朵花，花蕾浅绿色、五棱形，花量大，花朵为昼开型。

（2）果实主要经济性状：南泉冰枣果实呈倒卵圆形，果肩部略窄细，果顶宽平，柱头遗存不明显，纵径 3.6 厘米，横径 2.6 厘米，平均单果重 10.2 克，最大单果重 18.2 克。充分成熟果实为棕红色，果点小不明显，果面光亮细腻，果皮脆薄。果柄长 0.2 厘米，果肩平圆，梗洼深、小。果汁多、肉质细、致密。果肉色白略青黄，口感纯香、脆甜，无木硬、松绵口感。果肉中没有木栓化组织。经过初步测定（采收后露天存放 1 周后检测）：可溶性糖含量 25.7%，总酸 0.24%，维生素 C 2070 毫克 / 千克，锌 2.4 毫克 / 千克，铁 200 毫克 / 千克，钙 16 毫克 / 千克，硒 2.2 毫克 / 千克。果核小，短纺锤形，两端锐尖，纵径 1.4~1.8 厘米，横径 0.8 厘米，核纹明显、不均匀，重 0.4 克，成仁率高，可食率 96.1%。在 2006 年参加的全区优质果品展评中，南泉冰枣被评为“全市十佳优质果品”。

（3）生长结实特性：南泉冰枣生长势强，在平原肥沃地块，四年生树株高 4 米，干径 9.05 厘米，冠径达到 3 米。在山岭地长势中等健壮，二年生树结果株率达到 100%，平均株产 1.2 千克，三年生树平均株产 4.2 千克，最高株产达 5.5 千克，产量高且稳定。自花授粉结实率高，自然结实力强，不像其他枣树需要割、剥、开甲，或激素刺激坐果。雨水特大年份稍加控制营养生长，即可充分坐果。丰产期亩产可达 2 000~4 000 千克，经济效益可观。

（4）物候期：南泉冰枣在当地 4 月中旬萌芽，4 月下旬展叶，5 月底始花，6 月初为盛花期，6 月上旬坐果，7 月果实迅速膨大，7 月底硬核，白露后开始脆熟，9 月中下旬（中秋节）成熟，11 月中下旬落叶。

（5）适应性和抗逆性：南泉冰枣适应山东临沂的暖温带大陆性季风气候，年平均气温 13.3℃，极端高温 40℃，极端低温 −17℃，年降水量 793.9 毫米，年日照时长 2 314 小时。适应性好，可以利用荒山野生酸枣嫁接，嫁接后生长旺盛，当年结果。4~5 年即可成型进入盛果期，成花力强，结果良好。在风化页岩的山地、石灰岩山地、沙壤、黏壤、盐碱严重的地块均可正常生长，各地宜枣区均可栽植，在黏土地栽植比较抗枣疯病。

南泉冰枣高抗锈病，抗轮纹病、炭疽病（表 4）。由于坐果率高，硬核期易出现营养不良性缩果现象，需及时补充钙肥，平衡树势。鲜枣储运不可挤压，避免高温、高湿、封闭储存，0~2℃低温储存可保质 2 个月以上，损伤果实难以储存。

表 4　　　　南泉冰枣抗枣疯病对比统计

品种	2015 年发病株数	2016 年发病株数	2017 年发病株数	2018 年发病株数	2019 年发病株数	5 年累计发病株率（%）
南泉冰枣 512	0	1	2	0	1	0.8
赞皇大枣 200	3	5	8	4	11	15.5
冬枣 200	2	6	9	3	9	14.5

在南泉村东山，通过不同品种枣疯病栽植对比试验，南泉冰枣累计5年枣疯病发生率不足1%，具有良好抗病性，适当防控就可正常生产。

3. 引种表现

2005~2020年将南泉冰枣引种到青岛市郊区，沂水县凤台庄、矶子山、赵庄村，费县大田庄，沂南县马泉创意农业休闲园、龙威农资南泉冰枣庄园、戴氏庄园、朱家林本草园等地试栽，都表现出品质优良、坐果率高、易管理等优点，比对照沾化冬枣结果早，坐果率高，抗枣疯病、锈病、轮纹病等，成为各大园区最早见效益的果树，给引种单位和果农带来了较好的经济效益。

4. 选址建园

选择符合规划设计，避开污染区，距离生活养殖区800米以外，无污染、排水良好的山岭地块。以棕土、棕壤土或者石灰岩成土基质为好，避免低洼、多水区域。

5. 栽培管理

南泉冰枣适宜小冠疏层形或自然圆头形、圆柱形，根据树形设计，株行距为4米×2米、4米×3米、3米×1.5米。按照等高线绕山岭挖地起垄栽培，垄下可以预埋作物秸秆、充分腐熟有机肥，起垄高度20厘米，垄面宽1.5米，垄底宽1.5~2.5米，作为生草和管理工作道。

南泉冰枣在秋后、春季都可以移栽，最佳栽植期为春季4月中下旬，采用起垄211技术，起垄、挖穴，穴施优质生物菌肥2~3千克，少量回土后定植、压实，少量浇水。晒地5~7天，浇透水、填平，覆盖银灰色地膜。

对南泉冰枣结果树施用生物菌有机肥、中微量元素肥，少用或者不用氮、磷、钾复合肥，使用过多复合肥易造成徒长，降低坐果率，增加果实酸度和果皮硬度。最好采用生草覆草技术，避免清耕除草，草长到高 50 厘米以上时用镰刀割茬，覆盖树盘。

花果管理，开花前喷雾优质硼、氨基酸、海藻酸，补充营养。花期采用壁蜂或蜜蜂辅助授粉，确保坐果率。后期疏花疏果，控制产量在标准范围内。快速膨大至硬核期注意补充钙肥，喷施杀菌剂，兼控旺长，平衡营养分配，保证果实良好发育。

开发大棚栽培、避雨栽培，稳定生产，提前上市，提高效益，满足更广泛的市场需求。

6. 整形修剪

根据树形设计，小冠疏层形定植当年定干 70 厘米，促发分枝，培养主枝。第二年选择向上生长的分枝，培养主干，短截 70 厘米左右，选留分布均匀的 3~4 枝，培养一层主枝；夏季通过抹芽、摘心等保护主枝中下部分枝生长，控制外围徒长。第三年中央领导干可以不再短截，通过拉枝控制树冠高度在 2.5 米以下，便于管理操作。加强夏季修剪调控，拉枝开角，及时疏除树冠内直立旺枝、密生枝和剪锯口处的萌芽等，以增加树冠内通风透光度。老树区在采果后、落叶前进行修剪，疏通工作道，解决通风透光问题。在落叶 1 个月后开始冬季修剪，剪除病虫枝，清除病僵果。

7. 病虫害生态调控与防治技术

采取剪除病虫枝、清除枯枝落叶、刮除树干翘裂皮等措施，降低病虫基数。通过生草覆草，减轻绿盲蝽等害虫危害，养护天敌，降低病虫害发生率；发芽初期配合防治绿盲蝽，喷雾噻虫嗪、啶虫脒、吡蚜酮、噻虫胺、呋虫胺等。6~7 月土壤施用白僵菌，防治桃小食心虫；喷雾噻虫嗪 + 奥得腾 + 氟硅唑 + 盖美特，或者交替喷雾甲基硫菌灵、苯甲丙环唑、吡唑醚菌酯、噁唑菌酮锰锌、啶氧菌酯等，增加盖美特等优质钙肥，减轻缩果、裂果发生程度。

8. 采收包装

10 月 1 日前后南泉冰枣充分成熟时，分批逐个手工采收，切忌击落或一次性采摘；采摘周转筐要求内里加棉麻布，避免碰击损伤；采摘、分级、包装操作人员统一着棉纤维手套工作；根据着色度、果形、果个分级包装销售；包装材料主要为纸箱、果垫等，避免挤压损伤枣果。最好在每天早晨 10 点之前采果，及时运输到 3~5℃低温库中预冷。随后进行分级包装，放置 0~2℃恒温库中储藏待发。消费者购买后，及时放入冰箱冷藏室。

二、枣树绿盲蝽

【发生特点】绿盲蝽主要危害果实和叶片、新梢。枣树受害严重的全株没有一片完整叶片，花蕾不能正常开花，导致绝产；绿盲蝽不断转果危害，一只绿盲蝽可以危害 5~7 个果实，成为次品果。绿盲蝽首先在新梢幼芽处未展开叶间刺吸危害，初期形成红色、褐色斑点，随着叶片展开而穿孔，穿孔连片，叶片脱落。

绿盲蝽细长，行动灵活，震动后容易掉落。发现叶片、果实危害症状后，左手托底，右手翻找，容易找到。

【发生规律】绿盲蝽一年发生 3~5 代，以卵的形式在树皮下或断枝中越冬，翌春 4 月平均气温高于 10℃、相对湿度高于 70%

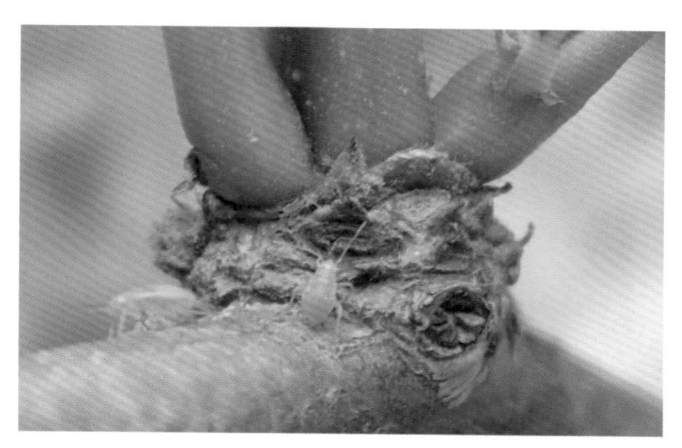

绿盲蝽（李福友提供）

绿盲蝽危害叶片

时，卵开始孵化幼虫。早期在新萌动幼芽缝隙间取食危害，通常在枣园危害 40 天以上，发生 1~2 代。后期食物资源丰富后，成虫转移到其他植物上繁殖。待到 9 月底前后，陆续返回果园产卵越冬。绿盲蝽成为果树主要害虫，一是因为果园实行清耕制，绿盲蝽失去了原有食物，只能到果树上取食繁育；二是因为早期虫害防治不重视。

【防控措施】

（1）冬季修剪时，清除树上干枯枝条、干橛，减少越冬卵基数；将树干涂白。

（2）绿盲蝽成虫对性诱剂有很好的趋性，可以在夏初、秋季的果园外围多悬挂诱捕器，捕杀来园产卵的成虫，降低虫口基数。

（3）抓住早春绿盲蝽幼虫孵化期喷药防控，可用噻虫嗪、吡蚜酮、噻虫胺、呋虫胺等。

（4）浇水养草，分散危害。10 月大水漫灌园区，促进越冬草萌生，丰富翌年春季果园草资源，为绿盲蝽提供更多食物，减少树上发生量；并能繁衍天敌，控制绿盲蝽虫口基数。

三、枣疯病

【症状特点】枣疯病又称丛枝病、“扫帚病”“喜鹊窝”，是枣树的毁灭性病害。感病枣树发育畸形，多枝小叶，发病3年后整株死亡。发病株首先从一枝或一侧表现症状，从当年生枝的枝头、叶腋部位萌发新枝，或者从多年生枝的潜伏芽萌发，使枝叶簇生如扫帚，病枝纤细，叶片小而淡黄。花蕾发病，也表现过度萌发，花柄变长，多花丛生，花器叶片化，变绿、畸形。发病较轻的偶尔坐果，果实畸形，果面有瘤状突起，暗绿色，多数不能正常成熟，肉质硬、不可食用。

枣疯病

枣疯病花蕾

枣疯病果实

【发生规律】枣疯病类似于病毒病的支原体感染，病原通过嫁接和叶蝉类媒介昆虫传播。幼树嫁接病枝后，潜伏期最短 25~31 天，最长 372~382 天。中国拟菱纹叶蝉、凹缘菱纹叶蝉等是主要传播媒介昆虫。通过土壤、花粉、种子、汁液及病健根接触均不能传病。田间观察发现，叶蝉越冬场所丰富的地区，枣疯病扩展传播快。如枣园周边栽植有侧柏的，发病重。

【防控措施】

（1）选择抗病品种和砧木，不同枣树品种和相同品种之间，不同嫁接砧木之间，抗病性差异明显。

（2）引种栽培、苗木繁育时，选择无病苗木、接穗、砧木等。

（3）采用生草覆草技术，创造良好的枣园环境，分散虫害寄主，养护天敌，防控传毒昆虫。

（4）增施生物有机肥料、金龟二代等中微量元素肥，改良土壤环境，控制氮、磷、钾肥料的使用，冲施海思力壮、金龟原力等肥料，提高树体抗病性，减轻发病程度。土壤性质对枣疯病发生会有一定影响，如在山东沾化的盐碱地上枣树枣疯病发生非常轻，红黏土地上枣树枣疯病发生也轻。

（5）在发芽初期、枣果快速膨大期、8~9 月叶蝉类害虫活跃期，选用噻虫嗪、吡蚜酮、吡虫啉、啶虫脒、烯啶虫胺、噻虫胺、呋虫胺等防控。

（6）彻底清园，降低传毒昆虫发生基数。落叶后，将园内杂草、落叶、病虫果、病虫枝、树上老翘皮彻底清扫，就地深埋 10 厘米以下，将树干涂白。枣园周围易于叶蝉越冬的场所，统一喷洒敌敌畏、高效氯氰菊酯等杀虫剂。枣园周围不要栽植松柏等防护林。

（7）每年冬季或者早春规范修剪，避免因乱剪乱砍造成过多伤口，增加发病机会。

四、枣缩果病

【症状特点】在枣膨大期或者硬核期，发生局部组织生长发育迟滞，尤其是果腰和果顶部皱缩、黄化，随后变红，脱落。

缩果病

【发生原因】

（1）与枣品种有关。不同枣品种果实发育期对环境的适应性和营养要求不同，表现不一。

（2）缺钙是主要原因。土壤环境恶化，会影响钙、硼等吸收；快速膨大期严重缺钙，易发生缩果。

（3）树势过强、枣头徒长的树发病重；树势衰弱、坐果过多、显著营养不良的树发病重。

（4）土壤瘠薄、土层浅的园区发病重。

【防控措施】

（1）选择抗逆性强的良好枣品种。

（2）采用果园生草覆草、生态施肥技术。

（3）及时开展夏季修剪，通过摘心、拉枝等方式，控制枣头旺长和过多枣头对营养的竞争。

（4）在枣坐果期、硬核期喷雾钙、硼及海藻酸，补充营养，可以有效减轻缩果病发生程度。

第七章　草莓病虫害生态调控技术

一、草莓生态调控技术

1. 草莓产业发展与现存问题

草莓种植是可以快速获得收益，助力乡村振兴的好项目。这种通过在保护地栽培能够深冬上市，采果期长，营养丰富，备受人们喜爱的“水果皇后”，也出现了较多的问题。例如，苗木繁育困难，栽植早期死棵严重，许多棚需要多次换苗重栽；结果期

严重盐渍化土壤

虫害防控与蜜蜂授粉的矛盾难调；结果后灰霉病、烂果病屡治不止，白蜘蛛、红蜘蛛、茶黄螨时有发生；草莓苗过早衰弱、结果小、畸形果多。

草莓连续种植，重茬地病菌多，技术再高也难管理好。通过反复调查试验，重茬种植主要问题不是病菌多，而是土壤环境恶化。

早期发展草莓基地，多以鲜食品种为主。随着国际市场需求量增大，有条件的可以考虑发展草莓加工品种。

提升草莓栽培管理技术，既要实现高产，又能实现优质、绿色，创建品牌，才能真正提升市场竞争力。我们正在积极推广草莓良好环境栽培与绿色防控技术，让更多的果农受益。

2. 草莓建园和栽培方式

选择排水良好的沙土、沙壤土地块建园，以日光温室、无后墙温室、保温大拱棚栽培草莓较多。根据生产、管理、市场需求，大拱棚、小拱棚、地膜覆盖、露地栽培草莓也可以获得较高效益。

从各地经验看，草莓栽培以每年一栽为好，即秋栽春收，一栽多年的模式产量低、品质差。宜采用高起垄双行栽培，银灰色地膜覆盖，双滴灌带或者三滴灌带、膜下滴肥水效果好。

草莓无土栽培：通常是在较高的棚室内，架设立体支架，多层栽培；架上铺设槽盘，采用育苗基质，配料后装袋、装槽栽植；铺设滴灌管道，供应水肥营养。草莓无土栽培便于旅游采摘，果面干净，观赏效果好，客流量大的区域可以考虑适当发展。缺点是对水质要求高，水分管理要精细，补充肥料要及时准确，投资较高。发展无土栽培，最好使用低土壤电导率（EC）值净化软水，栽植槽架设平整，进行渗水测试后定植。

3. 草莓定植

（1）整地：栽前40天整地，每亩施优质畜禽粪肥5~10米^3，地面撒施。喷雾足量发酵生物菌剂，反复耙匀。适当喷水调整湿度，封闭大棚，升温发酵。1个月后再次旋耕耙匀、耧平，起垄备栽。垄高25~30厘米，垄面宽40厘米，距离垄边缘10厘米栽植。行间距20厘米，垄间距30厘米，垄向南北。随起垄沟施海藻生物菌肥300千克，金龟二代100千克，不要使用氮、磷、钾肥料，确保缓苗顺利，早期生长旺盛。

（2）定植：起苗前2天药剂处理苗床，喷淋1%申嗪霉素300倍液+70%甲基硫菌灵300倍液，带药移栽。不方便苗床处理的，可以用啶氧菌酯+井冈蜡芽菌+根旺生物菌喷淋定植苗，冲洗叶片，充分淋湿主根茎。定植时注意压实，上不埋心、下不露根。

墒情好的地块直接定植，定植当天少量滴水，亲和根土。墒情差的可以先滴灌润地再栽植。栽植后晒地3~5天，浇透水。随水冲施根旺生物菌、金龟原力、氨基酸、腐殖酸、海藻酸等水溶性肥料，以利于快速缓苗生根。

定植早期主要目标是快速缓苗，旺盛生长，提高抗病能力。不使用氮、磷、钾肥料，慎重选用有生长抑制作用的杀菌剂，如苯醚甲环唑、咪鲜胺等。

4. 定植后的管理

定植缓苗后，理顺滴灌管道，调整各区位滴水速度使之均衡后，覆盖地膜。图中，两行草莓生长不一致，主要原因就是滴灌出水快慢不等。

（1）定植后对地老虎、斜纹夜蛾等可以喷雾奥得腾防治。结合预防炭疽病、根腐病，混合喷雾奥得腾+甲基硫菌灵+申嗪

滴灌不均

霉素＋太抗几丁。

（2）缓苗后，摘除老化叶、病叶、枯叶，当天喷淋啶氧菌酯＋井冈蜡芽菌＋叶面肥，消毒、防病、促进生长。

（3）春节前后温度低，不可以追施复合肥和氮、磷、钾水溶肥等凉性肥料，以水溶性有机肥、生物菌肥为主，如金龟原力、根旺生物菌等。进入 3 月，地温回升快，可以少量冲施氮、磷、钾水溶肥，每亩冲施 5 千克为宜。冲施肥料过多，草莓根际土壤中盐浓度高，水分倒渗，容易引起高温性叶缘焦枯、黑果等问题。

（4）温、湿度调控：草莓进入生长期，棚温夜间控制在 2℃以上，白天控制在 30℃以下，通常以夜间 7~10℃、白天 27℃为宜。开花期间，棚温以夜间 10~13℃，白天 24~26℃为宜。草莓要求相对湿度在 50%~60%，春节前减少浇水量，进入高温期适当增加浇水量，维持棚内适宜的湿度环境。草莓发生病虫害与棚内温、湿度密切相关，可以通过加大温差、早晨快速升温等措施，创造有利于草莓生长，不利于病虫害发生的棚室环境条件。早晨掀开保温被，不要通风，使棚内温度快速升高，当升高到25℃时，开启通风口，适当通风，使棚内快速排湿；不能使棚温下降，可以微有升高。如果温度快速下降，说明通风口偏大，需要封闭一下。

（5）花果管理：草莓虽是自花授粉结实，但由于温室内空气温度不稳定、湿度大、通风量小、授粉昆虫少等因素，不利于草莓授粉和受精，要进行辅助授粉。一是温室内放蜜蜂授粉，具有节省人工和授粉均匀的特点。一般每亩温室放两箱蜜蜂，或者引用熊蜂。放蜂时，为防止蜜蜂撞膜受损，蜂箱出蜂口不要正对明亮的棚膜，可以朝向后墙、阴暗方位。二是用毛笔点授。

注意疏花除杈，及时摘除匍匐茎、老化叶、病叶、病虫果，以及谢花后的残留花萼。每株草莓选留2~3个健壮花序，及时抹去其余花序。去掉低级位小花蕾，通常去除花序的1/5~1/4为宜。低级位小花蕾往往不能形成果实或者结果过小，没有经济价值且消耗养分，因此要在花蕾分离时疏除，且弱花序全部疏除，以集中营养，增大果实个头，提升均匀度，提高效益。

（6）病虫害生态调控与防治技术：草莓谢花期和封棚升温期是灰霉病防治关键期，提前喷雾木霉菌、咯菌腈、啶氧菌酯等；在连续阴雨雪天，用弥粉机喷施木霉菌微粉等防控。对于红蜘蛛、白蜘蛛、茶黄螨等要早发现、早防控。特别是正月中旬前后的持续晴天，容易加重螨虫发生，可以足量、均匀浇水，保持湿润以杀灭螨虫。可以配合投放植绥螨等天敌进行生物防控。螨虫基数大时，可以先用阿维菌素、乙螨唑、联苯肼酯等防控。

5. 草莓育苗生态调控（“台田遮阴”草莓育苗）技术

经过多年调研，草莓育苗失败的主要原因是对根腐病和炭疽病防控不当，而根腐病的主要诱因是排水与用肥不当、土壤环境恶化；除了高湿、多降雨使幼嫩组织感染炭疽病外，高温强日照也会使草莓匍匐茎受到日灼伤。我们试验研究出了“台田遮阴”草莓育苗技术，取得良好效果。

选择排水良好，有浇灌条件的壤土地作育苗场，规划设计好工作道、排灌水道；施肥整地，每亩地撒施腐熟畜禽粪 1 吨（约 3 米^3），喷洒生物菌发酵剂。1~2 个月后，再用旋耕机耙均匀，起台做畦。设计东西向做畦，畦面宽 2 米，高出地面 10~30 厘米，畦两侧均为 50 厘米宽的排水沟（工作道）。沟内靠近畦子南边播种玉米，株距 40 厘米左右。在畦田台面靠近南边 30 厘米处定植草莓种苗，株距 0.8~1 米。做畦前每亩施用海藻生物有机肥 150 千克，撒于定制带周围苗床，台田回土。定植穴用 1% 申嗪霉素悬浮剂 500 倍液淋浇，充分渗透后带土移栽草莓种苗。定植时要注意短缩茎的拱形突起部分使其朝向畦内侧，使匍匐茎枝向畦内同一方向集中生长。定植后浇根旺生物菌稀释液，以利于快速缓苗生长。草莓种苗定植早期，喷雾阿维菌素、高效氯氰菊酯、噻虫嗪等药剂，防控地老虎、白粉虱、蚜虫、绿盲蝽等。进入繁殖期，间隔 15~20 天喷雾一次啶氧菌酯、井冈蜡芽菌、甲基硫菌灵、吡唑代森联、噁唑菌酮锰锌、申嗪霉素等，防控炭疽病、叶斑病、根腐病。特别是高温天气，可以利用微喷带喷水降温，结合喷雾海藻酸、氨基酸等，全程不使用氮、磷、钾，促进草莓种苗旺盛生长，加强根系吸收功能，降低日灼伤发生率。

“台田遮阴”育苗效果

二、草莓炭疽病

【症状特点】草莓炭疽病危害果实、叶片、叶梗，危害最严重的是匍匐茎，常造成草莓死棵。果实幼果期侵染，近成熟期发病。初期果面出现水渍状斑点，随即变红褐色凹陷，继而凹陷斑扩大，斑中心颜色变深。果实腐烂，失去商品性。病斑长出肉色粉状物，即病菌分生孢子体。叶面和叶梗发病，初表现水渍状，继而出现红褐色病斑，凹陷。危害茎蔓主要通过侵染匍匐茎或者叶柄，首先植株一侧叶片黄化、萎缩、失去光泽，随后萎蔫、干枯。田间拔出草莓苗检查时常常拔断，仅拔出茎、叶，根及根基部断掉在地下，这就是炭疽病。从断口看，断茎外围为褐色腐烂，或者一侧褐色腐烂，甚至全部变褐腐烂。

【发生原因】

（1）土壤酸化、板结、盐渍化，由于根系吸收存在障碍而蒸

炭疽病

腾不足，易发生日灼伤，微伤口感染病菌而发病。

（2）降雨多、湿度大，病菌孢子量大，易侵染发病。

（3）苗床遮阴不到位，高温、强日照天气易发生日灼伤。特别是高温后大雨天气，容易感染病菌发病。

（4）多雨季节药剂防治不及时，易感染发病。

（5）草莓种苗带病，移栽后发生病害。

（6）移栽田肥料使用过多、土壤盐渍化严重，新定植草莓种苗生根慢、缓苗迟，抗病力差，易感染病害。

【防控措施】

（1）清理干净棚内或田间的上一茬草莓植株和各种杂草

后，再定植。冬春季注意打扫园地，深埋腐烂枝叶，生长季随时摘除病残老叶，栽植不宜过密。

（2）加强水肥管理，创造良好的棚内土壤环境，促进草莓种苗移栽后快速生长，提高抗病性，控制氮、磷、钾肥料使用量，平衡生长代谢。

（3）采用“台田遮阴”育苗技术，及时喷雾药剂，出圃前喷药处理、带药移栽。

（4）田间发现病蔓、病果、病叶，要尽早摘除、集中深埋。

（5）注重药剂防控效果的同时，还要考虑不能显著抑制生长，最好配合使用促进生长的肥料，养治结合。

（6）药剂防控：移栽前或者定植时，用甲基硫菌灵或者啶氧菌酯，混合申嗪霉素、井冈蜡芽菌，处理苗床或者定植苗。缓苗后每隔 15 天喷雾一次 68.75% 噁唑菌酮锰锌 1 500 倍液 +70% 甲基硫菌灵 500 倍液，或者喷雾吡唑醚菌酯、嘧菌酯、啶氧菌酯、吡唑代森联等，预防炭疽病。

发现病株，及时拔除、深埋处理，喷雾 22.5% 啶氧菌酯 800 倍液，二氰蒽醌、醚菌酯、吡唑醚菌酯、炭特灵等防治。生长旺盛期也可以用咪鲜胺、氟硅唑等防治，最好配合太抗几丁等。

三、草莓灰霉病

【症状特点】草莓灰霉病是开花后发生的主要病害，病原菌在植物残体和老叶上越冬，在气温 20℃、湿度 90% 以上的环境下形成孢子，飞散蔓延。整个生长季只要条件适合，就会侵染发病。

病菌主要危害草莓的叶、花、果柄、花蕾及果实。病菌最初侵染草莓干枯的花瓣，繁育积累，达到一定菌量后侵染果实，引起果实发病。从花柄基部侵染并扩散到花萼部分，引起花萼腐烂。被侵染的果实开始形成单个褐斑，快速扩展后腐烂变软呈水渍状，失去香味和色泽。浆果表面出现一层灰绒状的菌丝丛，顶端着生分生孢子器，繁育释放分生孢子。

【发生原因】草莓灰霉病病原菌为灰葡萄孢菌，灰葡萄孢子随风雨快速传播，可以反复感染；高湿环境（相对湿度 90% 以上）和相对较低的温度（13~25℃）条件下易染病；干枯的植物组织往往是传染源；病原菌除危害草莓外，还侵染茄子、黄瓜、莴苣等；在 31℃以上高温、2℃以下低温和空气干燥时，不形成孢子，不发病；一般在低洼地、湿度大、栽植过密、叶片过多、通风不好时发病严重。在温室草莓栽培中，11 月

灰霉病

封棚后是初次侵染发病期；2月下旬至4月中旬，遇长期阴雨雪雾天气易发病，要早做预防。

【防控措施】

（1）清园：入冬封棚前，全面清理棚内植株残体、枯叶，控制浇水量，促进花瓣快速脱落；发病期间，及时摘除老、病、残叶及感病花序，剔除病果、病株，集中深埋。

（2）草莓定植缓苗后，全部进行地膜覆盖，以银灰色地膜为宜，可以保温、保湿、防止长草、净化果台，避免果实腐烂和泥土污染。

（3）铺设滴灌，膜下滴灌浇水，确保棚室内较低湿度。

（4）药剂防控：定植前全棚喷雾弥粉消毒剂消毒；定植草莓缓苗后，结合防治炭疽病，用啶氧菌酯 + 井冈蜡芽菌，与木霉菌交替喷雾；封棚前喷雾 10% 多氧霉素可湿性粉剂 300 倍液或者木霉菌、异菌脲等，格瑞微粉 2 号效果更好；发生病害后，用咯菌腈、木霉菌、多抗霉素、枯草芽孢杆菌、啶氧菌酯、乙霉威、嘧菌环胺、啶酰菌胺等交替喷雾防治。

（5）抓好用药防治时机，在冬初封棚前、连续阴雨雪天前、浇水前喷药，效果更好。

（6）喷药同时清除病果，转移深埋。调控好棚内温、湿度，减轻发病。早晨快速提高棚温、延迟通风，提高白天棚温到 30℃以上，夜间晚封闭，降低夜间温度，拉大温差，减轻发病。外界气温稳定在 5℃以上时，可以夜间通风，早晨封闭升温后再通风，可以使防治效果倍增，很好地控制发病。还要特别注意适当控制浇水量。

四、草莓白粉病

【症状特点】近年来草莓白粉病发生多，危害严重，已极大制约我国区域草莓生产的发展。草莓白粉病主要侵害叶片和嫩尖、花、果、果梗及叶柄。发病初期在叶面上长出薄薄的白色菌丝层。随着病情加重，叶缘逐渐向上卷起呈汤匙状，叶片上产生大小不等的暗色污斑和白色粉状物。后期呈红褐色病斑，叶缘萎缩、焦枯。花蕾受害，幼果不能正常膨大，严重者干枯。果实膨大后受害，附着一层白粉，失去光泽并硬化，着色缓慢，丧失商品价值。

白粉病

【发生原因】草莓白粉病的病原菌为白粉菌，它以菌丝体等形式在地上或草莓老叶上越冬，翌年春季产生孢子，随气流在田间扩散。产生孢子的最适宜温度为20℃左右，15~25℃时蔓延快。白粉菌属低温性病菌，在5℃以下和35℃以上均不发病，在相对湿度40%~80%时发病严重。不同草莓品种发病程度差异很大，温室栽培时丰香品种发病严重，达赛莱克特、新丰一号、鸡心、全明星发病轻。草莓白粉菌是专性菌，可以通过带病的草莓苗进行中长距离传播。

多数引进的草莓品种易感白粉病，若防治不及时，温、湿度管理不当等则易引发草莓白粉病。

【防控措施】

（1）选用抗病草莓品种。种植抗病草莓品种，如达赛莱克特、新丰一号、土特拉抗病，甜查理、鸡心、全明星、赛娃、宁玉、爱莓等较抗病，甘王、章姬、红颊、幸香、丰香、春香、千代田、枥乙女等不抗病。

（2）调控棚内温、湿度。根据白粉病发生温度，加大温差，适当提高白天棚温到27℃以上，降低夜间棚温到10℃以下，尽量减少15~25℃棚温的时间，减轻发病；白粉病不同于其他病害，发病要求较低的湿度环境，湿度在40%~60%时易发病。适当增加浇水量，提高棚内湿度到70%~80%，有助于减轻发病程度。

（3）足量冲施有机水溶肥，交替冲施生物菌溶剂，强壮植株，提高抗病力，减轻发病。

（4）药剂防控：根据草莓病害发生情况，定期喷药防治。在发病初期及时用药治疗，防止蔓延。定植前全棚用弥粉机喷甲基硫菌灵可湿性粉剂，栽植后使用枯草芽孢杆菌、75%蒙特森水分散粒剂、68.75%易保水分散粒剂、50%硫黄悬浮剂等，可有效预防白粉病；发生白粉病后，选用40%氟硅唑5000倍液、乙醚酚磺酸酯、几丁聚糖、木霉菌、醚菌酯、吡唑嘧菌酯、多抗霉素、氟菌唑、四氟醚唑、氟吡菌酰胺等交替或者混合防治。

五、草莓枯萎病

【症状特点】近年来在草莓老产区，果实采收后期开始出现大面积秧苗凋萎现象，尤其在连续种植的重茬地块或与茄科作物连作的轮作地块死秧严重，苗期和开花、结果期也可发病。

起初仅心叶变黄绿色或黄色，有的卷缩或呈波状，3 片小叶中往往有 1~2 片畸形并偏向一侧。病株叶片失去光泽，植株生长势衰弱，老叶呈紫红色萎蔫，随后叶片枯黄，最后全株枯死。用刀割开病株，可见皮下内侧一圈变褐色，被害植株的根冠部、叶柄、果柄维管束陆续变成褐色至黑褐色，这是区别于其他病害的重要特点。根部变褐后，纵剖镜检可见长菌丝，确诊草莓枯萎病。温度高、湿度大时发生重，病变组织可见白色或者红色霉状物，即枯萎病菌分生孢子。病菌从根部自然裂口或伤口侵入，在根茎维管束内进行繁育，形成小型分生孢子，并在导管中增殖，通过堵塞维管束和分泌毒素，破坏植株正常输导机能，引起萎蔫。

枯萎病

【发生原因】枯萎病以含菌土壤和病株为传染源，病菌在土壤中可存活 5~10 年；草莓田土壤管理不当，特别是过量使用未经充分腐熟的肥料，过量浇水，大量集中使用化肥等都会诱发草莓枯萎病。同样原因也容易引发草莓根腐病。

【防控措施】

（1）采用脱毒技术繁育无毒苗，种植无毒苗，提高抗病性。

（2）许多地块土壤酸化、板结、盐渍化严重，应停止使用氮、磷、钾肥料，逐步降低土壤盐分含量，减轻盐分过高对草莓根系的伤害；避免造成过多的微伤口，给枯萎病菌提供侵染的条件。以充分腐熟的畜禽粪肥和海藻生物菌肥为主，中微量元素肥料配合改良土壤，培肥地力，逐步创造良好的土壤环境。

（3）药剂防治：移栽前或者定植时，用甲基硫菌灵或者啶氧菌酯混合申嗪霉素、井冈蜡芽菌处理苗床或者定植苗，做好伤口保护，同时预防枯萎病菌、根腐病菌、炭疽病菌等感染；缓苗期喷淋申嗪霉素，或者用申嗪霉素＋根旺生物菌混合浇灌，间隔一段时间再次浇灌。一个生长季浇灌3~4次，可以很好地防控枯萎病、根腐病等；使用络氨铜、恶霉灵、咯菌腈等灌根，对枯萎病也有防控效果。

六、草莓螨虫

【发生特点】草莓栽培棚室内比较干燥，叶螨容易发生，通常有白蜘蛛、茶黄螨等。白蜘蛛也叫二斑叶螨，是一种世界性害螨。近年来二斑叶螨严重危害作物，使用多种药剂防控效果不佳，造成作物提早拉秧。

（1）二斑叶螨：二斑叶螨发育过程分为卵、幼螨、第一若螨、第二若螨和成螨5个时期。成螨体色多变，在不同寄主植物上体色不同，有浓绿、褐绿、橙红、锈红、橙黄色，一般常为橙黄色和褐绿色。雌成螨椭圆形，体长0.45~0.55毫米、宽0.30~0.35毫米，前端近圆形，腹末较尖。雄成螨近卵圆形，比雌成螨小。成螨体背两侧各具有一块暗红色或暗绿色长斑，有时长斑中部颜色淡，分成前后两块。二斑叶螨在叶片背面取食活动，爬行迅速，并有明显的趋嫩性和结网习性。当螨量大时，堆积在叶片边缘或叶中央，可达上万头，并在叶面、叶柄及果柄间拉网穿行，借风力扩散。干旱无雨且气温高时发生重。

（2）茶黄螨：茶黄螨喜温，最适气温为16~27℃，相对湿度45%~90%。雌成螨体长0.21毫米，体躯阔卵形，体分节不明显，淡黄色至黄绿色，半透明有光泽；足有4对，沿背中线有一白色条纹，腹部末端平截。雄成螨体长0.19毫米，体躯近六角形，淡黄色至黄绿色，腹末有锥台形吸盘，足较长且粗壮。卵长0.1毫米，椭圆形，灰白色、半透明，卵面有6排纵向排列的泡状突起，底面平整光滑。幼螨近椭圆形，躯体分3节，足有3对。若螨半透明，棱形，被幼螨表皮所包围。成、幼螨集中在寄主幼芽、嫩叶、花、幼果等幼嫩部位刺吸汁液，尤其是尚未展开的芽、叶和花器。被害叶片增厚僵直、变小或变窄，叶背呈黄褐色、油渍状，叶缘向下卷曲。幼茎变褐，丛生或秃尖。花蕾畸形，果实变褐色，粗糙、无光泽，出现裂果，植株矮缩。草莓受害叶为暗绿色，叶背面发亮，严重时呈现铁锈色。幼果受害变褐色，轻者锈褐色有亮光，重者

二斑叶螨危害叶片

茶黄螨危害果实

茶黄螨危害草莓植株

黑褐色，失去商品价值，类似高温日灼伤症状，危害严重的绝产。由于虫体较小，肉眼常难以发现，且危害症状又和病毒病或生理病害相似，生产上要注意辨别。茶黄螨主要靠爬行、风力、农事操作等传播。幼螨喜温暖潮湿的环境条件。成螨较活跃，且有雄螨负雌螨向植株上部幼嫩部位转移的习性。卵多产在嫩叶背面、果实凹陷处及嫩芽上，经 2~3 天孵化，幼、若螨期各 2~3 天。雌螨以两性生殖为主，也可营孤雌生殖。

【发生原因】某些草莓品种易吸引白蜘蛛，尤其香甜味浓的品种；棚内供水不均，滴灌铺设不规则，滴水速度不一致，导致局部干燥，易于诱发螨虫危害；早期没有及时防治，发现时已经特别严重，喷药防治难度大；喷药不到位、间隔期过长，导致新的虫源补充，增加防治难度。

【防控措施】

（1）平整田地，检查滴灌各处，使滴水速度保持一致，注意及时浇水，保持湿润，促进植株生长健壮，控制害螨发生发展。

（2）初花期提前用药预防，可于草莓开花前喷雾四螨三唑锡，控制早期零星螨虫。

（3）进入结果期，看到叶片褪绿点、叶色亮，叶柄和花梗有风磨伤痕，仔细辨别是否发生螨虫。如有发生及时喷药，可用阿维菌素、阿维乙螨唑、联苯肼酯、四螨三唑锡、乙唑螨腈、噻螨酮、唑螨酯、丁氟螨酯等，喷药后第二天可以放蜂。由于螨虫微小，一旦危害症状明显，意味着虫口基数特别大。喷药要早、周到均匀（叶片背面、土表、周围环境都要喷到），间隔5天连续2次喷药，降低新孵化若螨基数，效果更好。

七、草莓虫害生态调控与蜜蜂授粉安全技术

【发生特点】秋季草莓移栽后，常有叶片出现网状破损、虫孔等。秋后草莓多发生斜纹夜蛾、棉铃虫、甜菜夜蛾等鳞翅目害虫。这些害虫有较强的抗药性，一般药剂防治效果不明显，而且此时草莓棚内多放置授粉蜜蜂，用药不慎会伤害蜜蜂。

草莓棚也易发生蚜虫，不仅刺吸汁液影响生长，而且分泌物落在叶片上，会引起霉污。

【防控措施】选择不伤害蜜蜂，对虫害效果好的安全、低毒、微毒农药；傍晚蜜蜂回箱后，封闭蜂道，转移到其他棚或者棚头温房，喷药。待次日露水干后，搬回蜂箱，放蜂授粉。

防控鳞翅目害虫，可用35%奥得腾水分散粒剂5 000倍液，在当天早晨温度低、蜜蜂不活动时喷药，温度升高后放蜂授粉较安全；或者傍晚蜜蜂回蜂箱后喷药，次日放蜂授粉较安全，也可以混合安全的叶面肥、杀菌剂等同时使用。灭幼脲、氟铃脲、杀铃脲、氯虫苯甲酰胺、氟苯虫酰胺等对蜜蜂相对安全，建议喷雾

后间隔 1 天放蜂。茚虫威、甲维盐等对鳞翅目害虫防控效果较好，但对蜜蜂毒性较高，慎重选用。

噻虫啉、氟啶虫酰胺和吡蚜酮、啶虫脒对蚜虫效果好，对蜜蜂而言为中等毒。喷药前封闭蜂箱，转移到棚头温房或者其他棚，喷药晾干后放蜂较安全。吡虫啉、噻虫嗪、呋虫胺、噻虫胺、烯啶虫胺、氟啶虫胺腈、氯噻啉等对蜜蜂毒性较高，在花期前、花期避免使用。

八、草莓芽枯病

【发生特点】草莓芽枯病主要表现为生长点部位的幼芽、幼叶边缘干枯，随着生长变成勺状叶、畸形叶，发生严重时叶片、花蕾、幼果托叶干枯，甚至出现全部干枯、死苗现象。常在施肥不久出现草莓叶片青枯、黑芽，甚至死株现象。

【发生原因】

（1）基肥施用不当：圈肥未充分腐熟，或者复合肥用量过大、过于集中，土壤盐渍化严重等。

（2）追施肥料不当：一次性施用过多氮、磷、钾肥料，或者间隔时间过近、过于集中，烧伤根系，影响营养吸收。

（3）棚温过高：短时间内棚温失控，升高到 33℃以上，或者因为前期连续阴天、突然晴天后，棚温升高过快，导致芽枯病。

（4）浇水不当：大量浇水后，遇到连续阴天，导致沤根，随后晴天高温，导致芽枯或者萎蔫。

（5）用药不当：未经试验就随意混配农药，提高用药浓度，或者连续阴天、乍晴后大量用药等，易诱发芽枯病。

草莓芽枯病

【防控措施】

（1）采用良好环境栽培技术，科学调配用肥，避免大量使用未经充分腐熟的圈肥，以及集中施用复合肥。

（2）冲施优质有机水溶肥，严格控制氮、磷、钾肥料单次用量，每亩不可超过 5 千克。

（3）注意天气预报，浇水后至少有 1 个晴天晾晒。

（4）农药要先试验、后使用，首先考虑草莓安全和环境安全，再考虑防治效果。

（5）连续阴天时检查根系、墒情。在第一个晴天的早晨冲施生根养根肥料和防治根腐病药剂，滴水 10~30 分钟。然后调低棚温，必要时回盖保温被遮阴，避免草莓植株灼伤或萎蔫。下午早覆盖，提高夜间棚温，促进根系快速恢复。

（6）连续阴天后第一个晴天最好不要喷洒农药，以免发生药害。必须喷药时，适当降低浓度，减少用药种类。待草莓适应气温后再正常喷药，治病虫害。如果有些病害发生较重，可以在阴天期间用弥粉机喷粉给药，效果良好。

九、草莓黄化叶

【发生特点】草莓定植后缓苗慢，部分出现黄化叶，严重的逐步干枯死亡。主要表现在叶片上，叶脉间组织逐步褪绿，叶脉保持绿色，为典型缺铁症状。黄化叶片生长缓慢，不能正常伸展，叶片黄、薄。

【发生原因】草莓叶片黄化主要原因是土壤环境恶化，如酸化、板结、盐渍化，影响了草莓根系的生长和对营养元素的吸收。有时因为浇水过多、排水不良，土壤缺氧、轻度沤根，而表现出生长抑制、黄化现象。

草莓叶片黄化

【防控措施】

（1）发生黄化叶的地块，停止施用氮、磷、钾肥料。

（2）以充分腐熟的畜禽粪肥、海藻生物菌肥为主，配合中微量元素肥料，改良土壤、培肥地力。

（3）定植期冲施根旺生物菌＋井冈蜡芽菌＋甲基硫菌灵，预防根腐病、炭疽病，活化土壤，促进根系快速生长，提高根吸收功能，加速缓苗生长。

（4）在定植缓苗期，结合防治地老虎、根腐病、炭疽病，喷雾啶氧菌酯＋申嗪霉素＋奥得腾＋绿元素，避免黄化叶发生。

（5）理顺平整滴灌管道，均匀给水，架槽栽培时做好渗漏排水。

十、草莓着色不良

【症状特点】草莓进入丰产期，果面颜色不一，有红色、黄色、白色，不都是本品种成熟后的正常颜色，而且口感差，局部组织硬，商品价值低。

【发生原因】土壤酸化、板结、盐渍化，影响了草莓根系的生长和对营养元素的吸收，导致营养不良；果实膨大关键期缺水干旱；氮肥施用过多，营养不平衡；氨气溶于雾滴，滴落灼伤果实；棚温过高灼伤果实，不能正常着色等。

【防控措施】

（1）同草莓叶片黄化防控措施。果实坐果后，冲施金鱼钙奶、氨基酸钙、盖美特等钙肥。

（2）调控好棚温，白天控制在 28℃以下、夜间 10~13℃，有利于营养物质快速积累，促进果实转色。调控好通风，及时排出

草莓着色不良

有害气体。

（3）喷雾药剂保护叶片，结合喷雾太抗几丁 + 钙硼叶面肥料、磷酸二氢钾及其他高钾水溶肥等。

十一、草莓畸形果

【症状特点】草莓畸形果，包括果形不正、不膨大、过于肥大或过于瘦小、偏侧发育不良等，丧失本品种应有的特征和出现白化果。常见果形不正，果柄过粗，果实扁平似扇状或呈鸡冠状。

畸形果

【发生原因】

（1）授粉受精不良。温室内几乎没有授粉昆虫，高湿的环境也不利于花药散开和传播，人工辅助授粉不到位等。

（2）环境不适。草莓对授粉期生长环境要求严格，棚温低于10℃或者高于30℃，不利于花药的开裂、授粉、受精；如果棚温超过45℃，花粉粒会大量死亡、受精不良。

（3）花期遇连续阴雨天、低温，导致授粉昆虫不活动，花粉发育不良等。

（4）管理不当。花期喷施有机磷类农药，会使当天和次日开放的花产生畸形果；缺少矿质元素如钾、铁、锌、硼等，偏施氮肥，留果量太大等，易造成畸形果。

（5）品种原因。品种之间的结实率有差异，败育率高的品种畸形果率高。选择败育率低、适合温室栽种的品种，如全明星、新明星和哈尼等。

（6）从花序上的第一朵花（顶花）起，随之是第二、三、四朵花，越往后畸形果率越高。

（7）花朵中花蜜和糖的含量低，特别是不良天气导致含糖量降低，不能招引昆虫授粉。

【防控措施】

（1）选用繁育性高的品种，如宝交早生、全明星和春香等。

（2）间种授粉品种。授粉品种和主栽品种的比例以 1∶4 为宜，并注意授粉品种应种植在主栽品种株间，有利于授粉。

（3）花期要适当通风散湿，创造有利于蜜蜂活动的环境，同时在温室内放蜂或做好人工授粉工作。

（4）开花期谨慎使用杀虫、杀菌农药。

（5）花期加强温度管理，白天棚温控制在 20~25℃，夜间保持在 10~13℃。

（6）创造良好的土壤环境，保证土壤有机质充足，施用生物菌肥和中微量元素肥。定植时进行地膜覆盖，从膜下灌水，以降低空气湿度，促进花器发育，提高授粉结果质量。

（7）加强田间管理，喷用九二零、果树促控剂（PBO）、保果灵等，以刺激糖分向果实分流。

（8）疏花疏果，合理负载。在开花前将高级次的花蕾适当疏除，每花序只留 5 个果。

第八章　黄瓜病虫害生态调控技术

一、黄瓜生态调控技术

1. 棚室土壤生态调控技术

黄瓜属于浅根性蔬菜，适合通气性好、较肥沃的壤土，土壤有机质含量在3%~5%为宜。经调查，多数老菜园地土壤有机质含量在1.0%~1.5%，一般大田地块有机质含量仅0.3%~0.5%。土壤中微量元素明显不足，需要大量施用有机肥、中微量元素肥，增加土壤活性，提高有益微生物数量，减轻土壤酸化、板结、盐渍化程度；促进黄瓜根系发育，特别是增加细小的吸收根，提高抗逆性，使黄瓜稳产、高产、优质。采用黄瓜生态调控栽培技术，铺撒畜禽粪20~30米^3/亩，喷洒生物菌发酵剂，然后充分旋耕耙匀，闷棚1个月以上，提升有益微生物种群数量，提高土壤活性。起垄做畦时，每亩施用优质海藻生物菌肥400千克左右，配合中微量元素肥金龟二代100千克。生茬地随圈肥铺撒50千克高氮、低磷、高钾复合肥，连续种植两茬以上的蔬菜种植棚，不要用氮、磷、钾肥料作基肥。

黄瓜结瓜期前需要较多的氮、磷肥，结瓜期需要大量的钾、钙、镁肥。据测验，每生产1 000千克黄瓜，约需氮2.8千克、磷0.9千克、钾3.9千克、钙3.1千克、镁0.7千克及大量的有机养分。较适宜黄瓜生长的土壤环境条件为：碱解氮100~120毫克/千克，有效磷25毫克/千克，速效钾130~150毫克/千克，土壤pH 6.5左右，土壤电导率（EC）值（15厘米深）0.2~0.5。检测连续种植黄瓜的地块，土壤中碱解氮200~500毫克/千克，有效磷150~350毫克/千克，速效钾300~800毫克/千克，超标现象严重，土壤pH 3~5，土壤电导率（EC）值（15厘米深）0.7~1.5，表现为酸化、板结、盐渍化。所以，在黄瓜生长早期不用氮、磷、钾肥料，缓苗更快，生长结瓜表现更好。

高温大量结瓜期还要适量补充氮、磷、钾肥料。黄瓜喜肥但不耐肥，施肥过量，尤其是一次性施用化肥过多，水分不足时易引起烧根。轻者叶片变为黑绿色，生长缓慢，地表吸收根褐化，子叶、基叶过早黄枯等。因此，种植黄瓜时氮、磷、钾肥料宜少量、分散冲施，以氮：磷：钾为20：20：20为宜，一次每亩冲施2~5千克肥料见效最快。生产中发现，冲施肥料之前地表、地膜下有一层白色吸收根，瓜秧嫩绿，生长健壮。冲施大量氮、磷、钾肥料后，这些白色吸收根消失，黄瓜生长点变为黑绿色，失去光泽。其实是发生了肥害，伤害了毛细吸收根，水分营养吸收不足，表现出缺水、生长抑制现象。如果冲施肥料适量，则黄瓜吸收根还在，生长点呈嫩绿色。

冲施功能性肥料。连续对比试验发现，黄瓜定植当天滴水，或者第二次浇水时，随水冲施根旺生物菌、金龟原力等，除了能加速缓苗，促进早期生长外，还能促进生长深根、壮根，提高载瓜能力，奠定丰产基础。不要冲施化学激素生根剂，只会刺激产生表层根，却没有很好的承载产量能力。春节前后低温期、生长势衰弱期、留瓜过多期、靶斑病和叶斑病始发期，黄瓜追肥以生根养根为主，冲施根旺生物菌、金龟原力、海思力加、海藻酸、氨基酸等高活性肥料，更有利于膨瓜、旺秧，提高抗病性。山东沂南苏村北于示范户，1~3 月连续冲施 14 次金龟原力有机水溶肥，没有使用氮、磷、钾肥料（对照为氮、磷、钾肥料与氨基酸肥料交替冲施），瓜条黑亮，每千克黄瓜多卖 0.2 元。2020 年 12 月 6 日定植，春节前开始摘瓜，一直卖到 8 月 15 日，平均每棵瓜累积卖价达到 25.5 元。

2. 棚室湿度生态调控技术

黄瓜喜湿怕涝，既需要经常浇水，又要保持良好的通气状态。以大小行起垄、垄上栽植，地膜覆盖，膜下滴灌浇水为好。既解决旱情，又保持棚内湿度在较低水平。瓜秧基部、根际周围土壤松散、通气性好，生长旺盛。既可以预防根腐病、蔓枯病，又可以减少灰霉病、霜霉病、细菌性病害等对叶片、瓜蔓的危害。早晨敞开保温被后不要马上通风，快速升温到 28℃以上再开窗通风，可快速排湿，降低发病率；夜间棚内湿度大，无法降低湿度，可降低夜间棚温至 16℃以下（多数病菌不发育）。该方法能减少黄瓜呼吸消耗，长瓜快、发病少。

随着外界气温升高，逐步增加浇水量，3 月后开始大水漫灌与滴灌交替，满足黄瓜生长需水要求。增加棚室内的湿度，控制蚜虫、螨虫、蓟马、粉虱等的发生发展。夜间外界气温稳定在 12℃时，通风排湿。黄瓜霜霉病、灰霉病、疫病、蔓枯病、细菌性角斑病、软腐病等均在高湿环境（棚内湿度高于 80%）下易发生，要控制好棚内湿度。

3. 棚室温度生态调控技术

黄瓜最适棚温，白天在30~33℃、夜间12~15℃时，光合效率最高，呼吸消耗较少，营养积累最快，较大温差时病害发生轻。创造有利于黄瓜生长，不利于病害发生的环境条件。冬季定植前，采用提前覆盖升温和地膜覆盖、起垄栽植而提高地温的办法，有利于黄瓜根系优先发育，生长健壮，抗逆性强。每天升温时早揭开棉被，使棚内充分接受光照，快速升温到28℃后，再小开通风口，逐步升温，稳定棚温在30~33℃。如果瓜秧生长过旺、节间长、出瓜少、瓜条棱角多、弯曲畸形，则可以将夜间棚温再降低，最低可降至早晨敞开保温被之前6℃。相反，如果瓜秧衰弱、花打顶、瓜打顶、顶梢扭曲，留瓜过多时发生靶斑病、叶斑病，天气预报有连续阴雨雪天时，要早封棚、早盖保温被，适当提高夜间棚温，可以提高到早晨敞开保温被之前15~18℃，适当用药防控。黄瓜霜霉病、灰霉病、疫病、蔓枯病、细菌性角斑病、软腐病等发生条件为16~26℃，30℃以上和15℃以下就不利于病菌繁育。因此，设法控制棚温，再配合适当的药物防控，则有利于减轻病害发生。

4. 黄瓜病虫害生态调控辅助技术

（1）黄瓜定植前苗盘处理技术。使用噻虫胺种衣悬浮剂+咯菌腈种衣悬浮剂浸苗盘，或者使用维瑞玛+咯菌腈喷淋苗盘，或者用噻虫嗪、精甲咯菌腈、申嗪霉素、霜霉威等，可预防根腐病、疫病、斑潜蝇、蚜虫、蓟马、白粉虱、蛴螬等。

（2）黄瓜采用温室大棚栽培、大拱棚栽培或者避雨棚栽培，保持棚内环境稳定；通风孔道加设防虫网，阻挡害虫侵入，棚内悬挂粘虫板，能够显著减轻病虫害发生，减少用药。

（3）定植水带药、肥，可以快速促壮、防病虫。没有做苗盘处理的黄瓜定植时，可以用几丁聚糖 + 噻虫嗪 + 井冈蜡芽菌，或者申嗪霉素、咯菌腈、恶霉灵等，喷淋定植穴，配合用生物菌液、金色原力、海思力加等效果更好。结合滴灌、浇灌，促进快速缓苗、生根，预防根部病害和早期虫害。

（4）移栽后早期喷药防病技术。选用噁唑菌酮锰锌 + 可杀得，代森联 + 中生菌素 + 几丁聚糖或者甲基硫菌灵 + 可杀得 + 甲壳素，嘧菌酯 + 噻森铜 + 几丁聚糖等，防治早期发生的蔓枯病、霜霉病、疫病、细菌性病害及病毒病，间隔 10 天喷药一次，效果良好。

（5）结瓜期喷药防病技术。黄瓜结瓜早期，预防霜霉病、蔓枯病、细菌性病害，间隔 5~7 天喷药一次或者用格瑞微粉 10~15 天喷粉一次。如代森联 + 可杀得 + 太抗几丁，百菌清 + 春雷霉素 + 氯元素，异菌脲 + 王铜 + 氨基寡糖，嘧菌酯 + 噻森铜 + 几丁聚糖，代森锰锌 + 可杀得 + 甲壳素，代森锌 + 中生菌素 + 氨基酸叶面肥。喷粉用枯草芽孢杆菌 + 氨基酸叶面肥，百菌清 + 中生菌素 + 氨基酸叶面肥，霜脲锰锌 + 荧光假单胞杆菌，异菌脲 + 腐霉利等。

在黄瓜大量结瓜期，喷雾噻森铜、氢氧化铜、春雷霉素、中生菌素、井冈蜡芽菌，多抗霉素、乙霉威、百菌清、嘧霉胺、异菌脲等，预防叶斑病、靶斑病；喷雾霜霉威、甲霜灵、霜脲锰锌、甲霜灵锰锌、恶霜灵锰锌、氰霜唑、氟噻唑吡乙酮等，防治霜霉病。

5. 黄瓜细菌性病害生态调控技术

低温高湿条件（湿度 80% 以上，16~26℃）有利于细菌性病害的发生，主要有细菌性角斑病、细菌性缘枯病、细菌性软腐病、细菌性蚀脉病等。

（1）调节温、湿度，创造不利于发病的环境条件。早晨揭开保温被后不通风，快速提高棚温，白天棚温稳定在 30~33℃；下午晚封闭、晚覆盖，降低夜间棚温，控制在敞开保温被之前棚温 10~13℃；地膜覆盖，膜下滴灌浇水，调控浇水量，适当减少浇水，降低棚内湿度。

（2）定期喷药保护，预防发病。注意天气预报，连续阴雨雪天之前、浇水之前，喷药保护。选用矿物质杀菌剂氢氧化铜（可杀得 3000、可杀得 2000 等）、琥胶肥酸铜生物制剂井冈蜡芽菌、申嗪霉素、多抗霉素、中生菌素、枯草芽孢杆菌、木霉菌、荧光假单胞杆菌等。

（3）发生病害后及时治疗。在改善环境条件基础上，选用内吸性药剂，间隔 2~3 天 1 次，连续防治 2~3 次，然后转入预防，如 20% 噻森铜悬浮剂 300 倍液 +53.8% 可杀得 2000　800 倍液，或者噻菌铜、中生菌素、春雷王铜等，近年来引进试用了细菌性防治药剂——荧光假单孢杆菌（100 亿孢子 / 克可湿性粉剂，喷粉 80 克 / 亩或者喷雾 100 克 / 亩），对于防治细菌性病害效果较好。

6. 黄瓜虫害生态调控技术

黄瓜虫害发生较轻，越冬温室黄瓜主要有白粉虱（烟粉虱）、蓟马、蚜虫、茶黄螨、二斑叶螨，夏秋黄瓜还有瓜绢螟、甜菜夜蛾、斜纹夜蛾、棉铃虫、斑潜蝇等。通过增加浇水量，阶段性提高大棚内湿度，尤其是大水漫灌与滴灌交替，有效减少白粉虱、蓟马、茶黄螨、二斑叶螨等的发生量。配合适当的药物防控，如多杀菌素、乙基多杀菌素、甲维盐、氟啶虫胺腈、呋虫吡蚜酮、噻虫吡蚜酮、螺虫乙酯、氟啶虫酰胺、溴氰虫酰胺等。鳞翅目害虫微毒农药氯虫苯甲酰胺和茚虫威、虱螨脲、甲维盐、乙基多杀菌素等，防治虫害高效；用溴氰虫酰胺处理苗盘，对防治斑潜蝇、蚜虫、蓟马等有特效；灭蝇胺、呋虫胺、噻虫胺等可有效防治斑潜蝇、迟眼蕈蚊（黑头蛆），使用也安全。

二、黄瓜根结线虫

沂南保护地栽培黄瓜已经有40多年了，连续重茬种植黄瓜，根结线虫成了重要问题。通过土壤分析，总结根结线虫发生规律，创造黄瓜良好生长环境等，形成了黄瓜主要病虫害生态调控技术，现在沂南县黄瓜种植面积达到1.2万亩，每年减少了农药投入1 100多万元，菜农增加收益1.4亿元。

【发生特点】根结线虫主要危害黄瓜根部，使根部肿大畸形，呈鸡爪状。切开根结，有乳白色根结线虫藏于其中。根结上生出的新根会再度染病，并形成根结状肿瘤。线虫体形很小，多分布在0~20厘米深土壤中，特别是3~9厘米深土壤中线虫数量最多。根结线虫雌雄异体，雌成虫圆梨形，雄成虫线状，常以卵或2龄幼虫随植株残体遗留在土壤中或粪肥中越冬。翌年环境适宜时，2龄幼虫从嫩根侵入植株，繁殖危害。线虫可通过带虫土或苗及灌溉水、农事操作等传播，在无寄主条件下可存活1年。

【发生条件】根结线虫发生严重，尽管嫁接黄瓜有一定的抗线虫性，但还是早衰，结瓜能力明显下降；靶斑病、叶斑病难以防治，黄瓜品质差。早些年生产上主要靠神农丹、灭线磷、克线丹等高毒、高残留农药控制线虫，但效果越来越差，用量逐年加大，甚至每亩地5%神农丹使用量为20千克。随后引进生物农药阿维菌素，有一定效果，但持效期短，需要多次用药；噻唑膦上市，效果好，持效期也比较长，但有残毒，若使用不慎会对作物根系的生长与吸收有影响。同期引进石灰氮、氯化苦、棉隆、氯乙烷等土壤消毒剂，但操作复杂、投资高，操作人员有安全风险，好多菜农仍然在用。有的菜农甚至用喷火枪灼烧土地，防治根结线虫，减轻重茬危害，可谓办法用尽，效果不好。

黄瓜生长良好的土壤环境为：有机质含量3%~5%，土壤电导率（EC）值（15厘米深）0.2~0.4，pH 6.5~7.5，中微量元素适宜，土壤中有益微生物多。随着化学肥料的使用量增加，根线虫逐年加重，发生条件为沙壤土，较高的土壤EC值、较低的土壤pH，较低的土壤有益微生物量。

【防控措施】目前土壤中氮、磷、钾超标，尤其是磷超标严重，应减少使用复合肥。若影响了黄瓜产量，可以通过冲施速效水溶性肥料补正。氮、磷、钾水溶性肥料种类繁多，有平衡的、高钾的、高氮高钾的，随时可以冲施补充。考虑增施钙肥，降低土壤EC值，提高土壤pH，如金龟二代硅钙肥。为了改善土壤环境，丰富有益微生物和土壤活性酶，可施用植物源有机肥、甲壳素有机肥、畜禽粪肥、海藻生物菌肥等。研究表明，枯草芽孢杆菌能够改善黄瓜根际环境条件，增加生物酶，阻碍根结线虫的发育繁殖；甲壳素对根结线虫的发育有阻碍作用；用羊粪发酵菌处理，黄瓜根结线虫明显减轻，黄瓜早期生长旺盛、结瓜力强；不发酵羊粪有烧苗现象，根结线虫发生明显，黄瓜早衰。

沂南黄瓜生态调控栽培技术：以生物菌发酵的畜禽粪有机肥，配合甲壳素有机肥高温闷棚。金龟二代中微肥、生物菌肥起垄集中施用，基肥不用大量元素。冲施生物菌、海藻酸、氨基酸、碳肥、中微量元素水溶肥、平衡水溶肥，限时限量使用。

三、黄瓜霜霉病

霜霉病又叫跑马干、黑毛病，是黄瓜重要病害。通常露地黄瓜小苗期、结瓜盛期，保护地黄瓜 3~5 月、9~11 月是发病高峰期，黄瓜霜霉病病原为古巴假霜霉菌，在高湿和相对较高的温度（环境湿度 85% 以上、温度 20~28℃）条件下黄瓜易发病。

【症状特点】黄瓜霜霉病主要危害叶片，由下部染病叶片向上蔓延。发病初始时仅在叶背产生水渍状、受叶脉限制的多角状斑点，在清晨高湿棚或田块内明显。上午在温度升高、湿度下降后，水渍状病斑消失，同常叶。发病中期叶面病斑褪绿成淡黄色，叶背黄褐色。病斑扩大后仍受叶脉限制呈多角形，多个病斑可汇合成小片，病健交界处明显。潮湿时，叶背病斑部生成紫灰色至黑色霜霉层，即病菌从气孔伸出成丛的孢囊梗和孢子囊。发病严重时，病斑连结成片，全叶变为黄褐色，干枯卷缩。除顶端保存少量新叶外，全株叶片均发病，但病叶不易穿孔、腐烂。

黄瓜霜霉病

【发病原因】

（1）黄瓜品种抗病性差。

（2）棚室内湿度管理不当，湿度长时间偏大或田间持续降雨。

（3）昼夜温差偏小，白天相对较低温度在 26~28℃，或者夜间相对高温在 16~20℃。

（4）药剂防治不及时。

【防控措施】

（1）选用抗病黄瓜品种。

（2）科学调控温、湿度。沂南黄瓜栽培采取宽窄行栽植，有利于通风排湿，宽行 70~80 厘米、窄行 40~50 厘米；地膜覆盖，膜下滴灌浇水；科学升温排湿，采取高温差措施，降低夜间温度，快速提升白天温度。

（3）适时用药，防治病害。3 月后，夏秋季黄瓜定植后、大量摘瓜期，容易发生霜霉病，提前用药预防。通常使用 53.8% 可杀得 2000　1 000 倍液 +68.75% 噁唑菌酮锰锌 600 倍液，间隔 7~10 天喷雾 1 次，对细菌性病害也有预防效果。交替喷雾氰霜唑、代森锰锌、霜脲锰锌、氟吡菌胺、霜霉威、氟噻唑吡乙酮、烯酰吗啉等，防治效果稳定。选用 72% 霜脲锰锌 300 倍液 +72.2% 霜霉威 300 倍混合喷雾，间隔 2~3 天后再次喷药；或者用 10% 氟噻唑吡乙酮 1 500 倍液 +68.75% 噁唑菌酮锰锌 600 倍液，间隔 5~6 天连续喷雾 2 次，巩固药效；43% 傲卓水分散粒剂 600 倍液喷雾，间隔 2~3 天连续喷雾 2 次，随后预防为主。

（4）药剂防控同时结合温、湿度管理，才能事半功倍。

四、黄瓜疫病

【症状特点】黄瓜疫病主要症状为发病组织缢缩或者扭曲变细，发病部位组织变为暗绿色，湿度大时表面长出白色霉层。疫病是黄瓜重要病害，在黄瓜整个生育期均可发生，能侵染黄瓜的叶、茎和果实、卷须，以蔓茎基部及嫩茎节部发病较多。疫病发展快速，若防控不当，常短时间大面积枯死，产量锐减。幼苗染病，开始在嫩叶尖上或嫁接处出现暗绿色、水渍状斑，逐渐干缩，形成秃尖。成株多在茎基部、嫩茎节部发病，开始为暗绿色水渍状斑，后变

黄瓜疫病

细，明显缢缩。发病部位以上叶片萎蔫枯死，但仍为绿色。维管束不变色，有别于枯萎病。叶片发病多从叶缘或叶尖、叶片中部、叶柄开始，产生暗绿色圆形或不规则水渍状大病斑，边缘不明显，有隐约轮纹，潮湿时扩展很快，使全叶腐烂；干燥时边缘褐色，中部青白色，干枯易破裂；叶柄发病时，变细、扭曲、叶片下垂；瓜条染病，病斑为水渍状、暗绿色，逐渐缢缩，潮湿时表面长出较稀疏白色霉层（孢囊梗及孢子囊）。

【发病原因】黄瓜疫病病原为德氏疫霉，为鞭毛菌亚门真菌。黄瓜疫病是典型的低温高湿病害，在气温15~26℃、湿度90%以上条件下流行。

（1）长时间高湿是黄瓜疫病重要诱因。如棚内湿度管理不当，遇到连续阴雨雪雾天气，地势低洼的黏壤土浇水过多、积水内涝等。

（2）昼夜温差小。白天相对低温25℃持续时间过长，或者夜间相对高温在15℃以上。

（3）在高湿低温前，没有喷药预防。

【防控措施】采用黄瓜棚内温、湿度生态调控技术，用药同霜霉病。

五、黄瓜叶斑病、靶斑病

【症状特点】黄瓜叶斑病、靶斑病又叫黄点子病，是两种重要的叶部病害，致病菌适应性强，易发育成抗性菌株。发生病害的环境条件，与黄瓜生长、高产需求的基本一致，较高湿度易发病。温湿度调控减轻病害发生效果不显著。

黄瓜叶斑病，叶片上的病斑褐色至灰褐色。发病初期，叶片背面病斑周边有明显的水渍环，类似双层边，症状像细菌性角斑病。病斑扩大成圆形或椭圆形至不规则形，直径 0.5~12 毫米。病斑边缘明显或不大明显，湿度大时，病部表面生灰色霉层。后期病斑扩大，形成圆形或者不规则大病斑，类似炭疽病。病原菌为瓜类尾孢属，分生孢子束生，有分节。

黄瓜靶斑病初期，叶片上有暗黄色、半透明小病斑，透光观

叶斑病

疤斑病

察明显。随着病斑扩展呈淡褐色，后期灰绿色，多成圆形，中心颜色浅，呈灰白色，病斑通常密集。病原菌为山扁豆棒孢菌，分生孢子棒槌形，有分节。

【发生原因】黄瓜阶段性产量过高。黄瓜品种抗性差，生长势弱，没有及时用药预防。

【防控措施】

（1）选用抗病、丰产、优质、适合当地栽培模式的黄瓜品种。

（2）强壮瓜秧，提高抗病性。生产上黄瓜叶斑病、靶斑病不易区分，防控措施类似，这两种病害的发生与黄瓜瓜秧长势密切相关。瓜秧旺盛的都发病轻或者不发病，即使发病也容易防治；而生长势衰弱的瓜秧发病重且难防治。因此，黄瓜叶斑病、靶斑病的防治要适度控制产量，均匀结瓜；略微提高夜间温度，强壮瓜秧；及时冲施金龟原力等生根养根的肥料，叶面喷雾海思力加、海藻酸、氨基酸、氨基寡糖、几丁聚糖等营养物质；4 月后的高温季节，足量浇水，保持瓜秧旺盛生长，提高抗病性。

（3）在进入大量结瓜期之后，及时喷药预防。喷用百菌清、代森锰锌、多硫合剂、异菌脲、多抗霉素、解淀粉芽孢杆菌等药剂，混合海藻酸、海思力加、太抗几丁、氨基寡糖等药肥同用，提高效果。

（4）发现零星病害及时喷药防控。在综合强壮瓜秧措施基础上，喷用格瑞微粉 3 号、多乙霉威、嘧霉胺、氟吡菌酰胺、氟唑菌酰胺、嘧菌酯、醚菌酯、吡唑醚菌酯，以及咪鲜胺、苯醚甲环唑、四氟醚唑等。

（5）生产管理重点：保持瓜秧生长旺盛；在大量结瓜期连续喷用农药预防；中科院蔬菜花卉研究所研制的格瑞微粉 3 号防治效果较好。

六、黄瓜灰霉病

【症状表现】黄瓜灰霉病由灰葡萄孢真菌侵染引起，主要危害黄瓜的花、瓜条、叶、茎、卷须。病菌多从开败的雌花侵入，致花瓣湿腐。瓜条尖端首先长出白色露珠状胶原物，胶原物颜色逐步加深，随后长出灰褐色霉层，逐步向幼瓜扩展，病部变软、腐烂，表面密生灰褐色霉状物。叶部病斑初为水渍状，后为淡灰褐色，形成直径 20~25 毫米的大病斑，近圆形或不规则形。病斑中间有时生有灰色霉层，边缘明显。茎上发病后常造成茎节腐烂，严重时瓜蔓腐烂折断，植株枯死。

【发生原因】

（1）棚内湿度大。棚室设计不合理，棚型坡度太小或者棚面凹凸不平；棚膜松弛，消雾、流水性差，滴落露水；平畦栽植时大水漫灌，没有在地膜下浇水。

（2）昼夜温差小。棚内白天温度偏低，夜间温度偏高。

（3）连续阴天前未浇水，或者蘸花后遇到连续阴天。

灰霉病瓜

灰霉病叶

（4）早期浇水过多，瓜秧徒长，密度太大，不易通风排湿。

（5）蘸花药长期反复使用，产生耐药性，效果下降。

【防控措施】

（1）采用黄瓜棚室温、湿度生态调控技术。

（2）交替使用木霉素、咯菌腈、啶氧菌酯、异菌脲、吡噻菌胺、啶酰菌胺等，选择晴天蘸花。

（3）高湿天气、连续阴天，可以提前喷雾防治灰霉病药剂，或者阴天使用弥粉机喷格瑞微粉2号，更好地降低湿度。

（4）交替或者混合喷雾咯菌腈、木霉菌、咯菌腈、啶酰菌胺、啶氧菌酯、异菌脲、吡噻菌胺、多抗霉素等，形成保护膜，预防灰霉病。

把握用药关键时机，冬春季的连续阴天前、浇水前、大批蘸花后喷药防治效果良好。

七、黄瓜蔓枯病

【症状特点】黄瓜蔓枯病高湿易发，水淹浸最易发病。茎蔓部发病，初期表皮开裂，溢黄色水、产泡沫等，严重时茎部纵裂如麻，部分输导组织腐烂。纵劈病蔓，输导组织无褐变，区别于枯萎病。叶部发病，自叶缘始出现“V”字形病斑，呈浅褐色或黄褐色；湿度大时，出现小黑点，排成近似同心轮纹状。

【发病原因】黄瓜蔓枯病病原菌主要随病残体在土中越冬，或附于种子、架杆、棚体材料上越冬。当温、湿度适合时产生孢子，随雨水、灌溉传播，通过伤口、气孔、水孔等侵染发病，衰弱组织易感病。

（1）平畦栽培、大水漫灌冲肥、暴风雨后易流行，尤其是肥水浸没过的茎蔓，易发病。

（2）土壤盐渍化严重、过量施用化肥或者未经充分腐熟的圈肥。

（3）反复落秧，大量瓜秧、瓜叶叠在一起腐烂，诱发瓜蔓蔓枯病，致使4~6月大量死棵。

蔓枯病蔓

【防控措施】

（1）做好苗盘处理或者定植沟喷药预防。

（2）大小行起垄，垄上定植，地膜覆盖，膜下浇水。

（3）铺施生物菌发酵畜禽粪20~30米^3/亩，充分旋耕耙匀后，闷棚1个月以上，再充分发酵。起垄做畦时，垄施海藻生物菌肥400千克，配合中微量元素肥金龟二代100千克。

（4）定植早期，嫁接口周围喷雾甲基硫菌灵、啶氧菌酯、井冈蜡芽菌+申嗪霉素等，预防该病。

（5）早期进行2~3次掐叶、喷药后再落秧；第5、7、9次落秧前，用40%氟硅唑3 000倍液+53.8%可杀得2 000　400倍液，喷雾下层落秧、落叶和即将落下的瓜秧、瓜叶，预防蔓枯病。

（6）药剂浇灌。黄瓜定植初期、首批采瓜后、采瓜盛期，分3~4次浇灌井冈蜡芽菌。

（7）黄瓜苗期适龄栽植；浇水冲肥不要浸没茎蔓；一次落秧不可以过多，通常4~5片叶，提前控水后落秧，避免硬脆折伤过

蔓枯病叶

蔓枯病子叶

多而感染发病；瓜蔓粗硬，落秧时可以倾斜或者拉秧；喷药防治炭疽病、叶斑病、霜霉病等时，连同茎蔓一并喷药。

（8）发生零星蔓枯病，用 40% 氟硅唑乳油 500 倍液涂抹，或者 50% 甲基硫菌灵悬浮剂 50 倍液，全棚定向喷雾 40% 氟硅唑乳油 3 000 倍液 +12.5% 井冈蜡芽菌 300 倍液；茎基部感染蔓枯病，可以冲施 12.5% 井冈蜡芽菌 5~10 升 / 亩 + 根旺生物菌 5~10 升 / 亩。

八、黄瓜根腐病

【症状特点】黄瓜根腐病是由腐霉根腐菌、疫霉根腐菌或者瓜类腐皮镰孢菌引起的毁灭性土传病害。黄瓜结果后陆续发病，发病植株茎基部无水渍和腐败症状，维管束不变褐色。掘取根部，细根基部变褐色、腐烂，主根和部分支根呈浅褐色至褐色，严重时根部全部变为褐色和深褐色。后细根基部全部发生纵裂，并在纵裂中间发现灰白色黑带状菌丝块，在根皮细胞可见密生的小黑点。该病病程较长，发病初期叶片白天萎蔫，夜间或阴天可恢复。持续几天后，下部叶片开始枯黄，逐渐向上发展，瓜条发育不良。

【发生原因】

（1）土壤酸化、板结、盐渍化，用肥一次性过量、过近或者大量使用没有充分腐熟的圈肥、含有有害物质的其他肥料等。

（2）大量浇水后，遇到连续阴天或者土地排水不良，积水沤根，发生根腐病；育苗盘下铺设保水薄膜，主根发生根腐病；大量使用化肥后没有把握好浇水量，造成化肥快速溶解，集中于根际周围，损伤根系，导致根腐病；因严重干旱损伤根系后浇水。

（3）施肥长期以复合肥为主，土壤有机质贫乏，地力差、涵养力不足。

（4）大棚覆盖后没有充分闷晒而升高地温，栽植时地温偏低。

（5）降雨集中导致地下水位偏高；或者棚内积水，栽植黄瓜后，土壤表层以下长时间湿度过高，氧气缺乏，黄瓜沤根，发生根腐病。

【防控措施】

（1）做好苗盘处理或者定植沟喷药预防，选用噻虫嗪种衣悬浮剂 + 咯菌腈种衣悬浮剂，兑水蘸苗盘；或者用井冈蜡芽菌、申嗪霉素、恶霉灵、霜霉威等作为杀菌防病剂，混合溴氰虫酰胺、噻虫嗪、呋虫胺、噻虫胺等杀虫剂，再混合海思力加、金龟原力等含有海藻酸、氨基酸功能性肥料的稀释液，蘸苗盘或者喷淋苗盘、苗床，带药移栽，可以加快缓苗，预防早期病害和蚜虫、蓟马、烟粉虱、斑潜蝇、迟眼蕈蚊、地老虎等。

（2）做好园区大排水和大棚周围排水工作，避免外围水内渗棚内，影响棚体结构和棚内黄瓜正常生长；大小行起垄，定植，

根腐病

有利于提高根际周围地温，提高土壤通气性，避免盐水浸渍，降低根腐病、蔓枯病发生率。

（3）科学用肥，同蔓枯病。减少复合肥用量，冲施速效水溶性肥料。

（4）灌药防护。定植早期，浇灌井冈蜡芽菌＋申嗪霉素、咯菌腈、恶霉灵、枯草芽孢杆菌等。结合防治蔓枯病，于黄瓜定植初期、首批采瓜后、采瓜盛期末，分3~4次浇灌井冈蜡芽菌。

（5）发生根腐病后，查明发病原因，在排除致病因素的基础上，浇灌井冈蜡芽菌＋根旺生物菌混合液，每隔5天1次，连用2~3次。降低白天棚温到27℃，减少蒸发量。早盖棚，提高夜间棚温，提高土壤温度，促进根系快速生长。严禁大量冲施杀菌剂，氮、磷、钾肥料等，避免刺激根系、加重伤害。

九、黄瓜细菌性角斑病

【症状特点】黄瓜细菌性角斑病主要危害叶片，也危害果实、茎蔓、叶柄、卷须。叶片初期出现水渍状斑点，病斑快速扩展，呈多角形，受叶脉限制，逐渐溢出胶状物——菌脓，病斑干枯变为白色。成株期叶片受害后病斑逐渐变黄褐色、黄白色，病斑中部略凹陷，易形成穿孔。茎、叶柄、卷须发病，侵染点呈水渍状，快速干枯。幼瓜条感病后腐烂脱落，大瓜条感病后腐烂发臭。瓜条受害常伴有软腐病菌侵染，呈黄褐色、水渍状。

【发生原因】黄瓜角斑病病原为丁香假单胞杆菌黄瓜角斑病致病变种。病菌附在种子内部和随病残体落入土中越冬，成为翌年初侵染源。病菌借助于雨水、气流、农事操作等传播，由叶片或瓜条伤口、气孔侵入，侵染大多从近地面的叶片和瓜条开始，逐渐蔓延。发生原因主要是相对较高的温度（16~30℃）、高湿环境，露地栽培黄瓜遇到连续阴雨天，尤其是大风大雨天气，特别容易

角斑病

发病。一旦田间局部发生，会快速传播蔓延，导致大量瓜条带菌，变软腐烂。

【防控措施】

（1）发展避雨棚栽培，克服连续降雨引起的病害。

（2）提前喷用矿物质杀菌剂如氢氧化铜（可杀得 3000、可杀得 2000 等）、绿色食品许可用药如噻森铜、噻菌铜、中生菌素、春雷王铜、细菌性防治药剂——荧光假单胞杆菌等，防治效果好。

（3）农事操作后，及时喷药消毒。在抹芽、掐须、除叉、绑蔓后，喷雾 20% 噻森铜悬浮剂 500 倍液 +50% 甲基硫菌灵悬浮剂 500 倍液，当天处理，当天喷药，保护伤口，预防感染。

（4）防治细菌性角斑病，在提高白天温度、降低夜间温度的同时，喷雾 20% 噻森铜悬浮剂 300 倍液 +53. 8% 可杀得 2 000　400 倍液，间隔 3 天再次喷雾；或者喷粉格瑞微粉 5 号（荧光假单胞杆菌 100 亿孢子 / 克可湿性粉剂，80 克 / 亩），间隔 7 天再喷 1 次。

十、黄瓜细菌性软腐病

【症状特点】黄瓜细菌性软腐病主要危害小苗和结瓜期茎蔓、瓜条。发病初期，在叶片或者果实、茎蔓部位出现水渍状斑，随后溢出胶状物——菌脓，逐渐变为白色。病斑快速扩展，局部皮黄化、组织软化，有时看到长势良好的黄瓜，伸手采摘时软化脱落；田间较多见幼苗带菌发病，叶柄、茎蔓流胶、畸形，严重者死苗；结瓜期发病，从生长点下 50 厘米处茎蔓溢出菌脓，随后上部茎蔓萎蔫枯死，下部茎叶表现正常，剪掉上部发病段，下部还可以萌生侧蔓结瓜。据报道，曾经河南扶沟、辽宁凌源、山东潍坊、山西晋中等黄瓜主产区大面积暴发黄瓜细菌性软腐病，黄瓜病茎和果实上出现流脓现象，后期茎果腐烂，整株死亡，经济损失严重。

细菌性软腐病

缘枯病

【发生原因】细菌性软腐病菌称胡萝卜软腐欧文氏菌，发生条件是低温、高湿，通常遇到阴天或者通风过度，白天气温25℃，夜间温度偏低，容易诱发软腐病；管理措施不当，在晴天上午摘除黄瓜叶片、摸叉、除蕾、掐须，操作完成没有及时喷药消毒处理，都容易通过伤口感染软腐病菌，引起软腐病。

【防控措施】

（1）调控大棚温、湿度环境，创造有利于黄瓜生长，不利于发病的环境条件。白天棚温30~33℃，早晨开棚前棚温13℃，加大昼夜温差，有利于减轻发病。

（2）其他防控措施同角斑病。

十一、黄瓜米黄点

【症状特点】黄瓜生长进入高温季节，特别是温室黄瓜在3月下旬后，或者大拱棚黄瓜4~10月高温季节，经常出现生长点部位暗绿，节间缩短，容易出现化瓜、黄瓜发育不良现象。仔细观察，

米黄点

下部叶片有密密麻麻的小米黄点，类似一层黄色小米粒，对黄瓜后期产量影响很大，严重者全株黄化枯死。

【发生原因】黄瓜米黄点为有害细菌侵染引起，严重者大量病菌阻塞输导组织，抑制植株上部生长，甚至枯死。高温、土壤盐渍化、水分不足，特别是白天长时间持续33℃以上，容易发病。

【防控措施】及时喷雾药剂防控，如1%申嗪霉素悬浮剂40毫升+20%噻森铜悬浮剂60克，兑水15升，全株喷雾，间隔2~3天再次喷雾。与冲施12.5%井冈蜡芽水剂8升/亩结合，效果更好。其他防控措施同角斑病。

十二、黄瓜细菌性蚀脉病

【症状特点】黄瓜细菌性蚀脉病也叫脉枯病，主要表现为黄瓜中下部叶片、叶脉及叶脉两侧组织水渍状，逐步黄化、褐化，由下部叶片逐步向上扩展。严重者叶片黄化干枯，上部叶片、茎蔓生长衰弱，瓜条质量下降，化瓜增多，在田间零星发生。

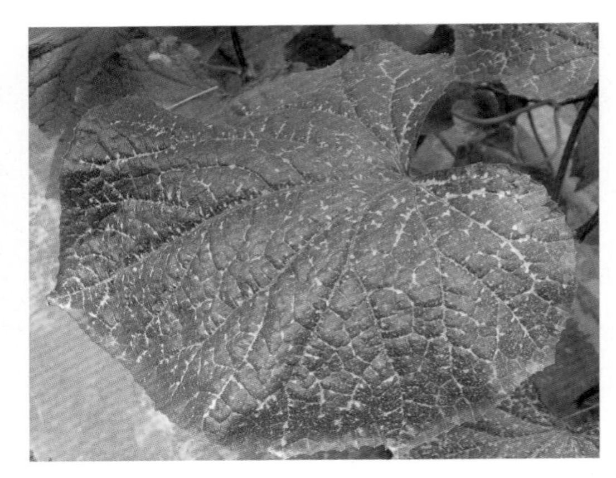

细菌性蚀脉病

【发生原因】黄瓜细菌性蚀脉病发生条件是低温、高湿。栽植前没有提前覆盖大棚而充分提高棚温，土壤温度偏低，栽植后升温不及时，特别是遇到连续阴雨雪天或者通风过度，白天棚温25℃，夜间温度偏低，易诱发细菌性蚀脉病。

【防控措施】

（1）提前盖棚升温，通常提前10~15天盖棚升温，提高棚室土壤温度，创造根系良好生长的环境，提高抗病性；栽植后白天棚温控制在30~33℃，栽植早期注意提高夜间温度，有利于减轻发病。

（2）喷雾20%噻森铜悬浮剂300倍液+53.8%可杀得2 000　400倍液，将喷头停留在发病黄瓜根部，适当灌根，间隔3~5天再次喷雾灌根，效果良好。喷雾荧光假单胞杆菌100亿孢子/克可湿性粉剂，喷粉80克/亩，也有较好效果。

十三、黄瓜尖嘴瓜

【症状特点】黄瓜尖嘴瓜通常也叫大膀子、宽膀子，就是正常发育黄瓜的花蕾部位异常尖细，瓜柄部位正常或者更粗，不会黄化脱落。一般开花前的小瓜没有异常表现，严重者小瓜尖细、花蕾发育不良。

尖嘴瓜

【发生原因】

（1）黄瓜尖嘴瓜主要发生在土壤盐渍化严重的地块，土壤电导率（EC）值越高，尖嘴瓜越严重。

（2）发生黄瓜尖嘴瓜的地块土壤缺钙，比较干旱，水分不足。

（3）棚温偏高，易发生尖嘴瓜。

【防控措施】

（1）科学施肥同蔓枯病。

（2）黄瓜生长结瓜最佳温度在30~33℃，长期控制棚温在33℃以下，有利于预防尖嘴瓜。

（3）连续冲施钙肥，对于减轻尖嘴瓜效果良好。

（4）根据天气情况增加浇水量，3月后最好滴灌浇水与大水漫灌交替进行，才能有效补充水分，稳定棚温。

（5）及时冲施生物菌、金龟原力、海思力加等有生根养根作用的水溶肥料，促进生根，提高根系吸收功能，补充全面营养。

十四、黄瓜花打顶

【症状特点】黄瓜结瓜时间不久，就表现出生长点部位尖细，叶片变小、节间缩短，幼瓜着生在生长点附近或者在生长点上部，叫做花打顶。正常可以同时结出 4~6 条瓜，下部 1~2 个接近采收的大瓜，中部有 1~2 条略小的瓜，中上部 2~3 条更小的瓜。随着逐步采收，不断有新瓜长成，所有的瓜都可以顺利成长为 1 级瓜条。但是，有的瓜秧只能结大中小 3 条瓜，甚至只有一大一小，留再多瓜都会发育畸形或者化瓜，不能长成瓜。

【发生原因】

（1）土壤环境不良：由于连续重茬种植，土壤酸化、板结、盐渍化严重，土壤肥力差，根系吸收不良。

黄瓜花打顶

（2）根系基础不牢：瓜苗定植后，温度适宜，水分充足，瓜秧生长快速。没有经过控水蹲苗，浮根多、根系基础差，承载力弱。

（3）根结线虫危害：由于根结线虫发生严重，根系不能充分吸收营养、水分，影响供应开花、坐瓜、瓜条膨大。

（4）坐瓜后施用肥料不当：好多人习惯认为结瓜量大需要大量钾肥供应瓜条膨大，就大量冲施高钾肥料或者平衡水溶肥，导致土壤溶液渗透压过高发生盐害，阻碍根系吸收、损伤根系。瓜条、瓜蔓得不到足够的营养供给，发育不良。

（5）坐瓜后温度配合不当：大量坐瓜后，由于夜间温度偏低，加速瓜条膨大、营养积累，没有足够营养供应瓜蔓生长，表现出生长势衰弱，生殖生长过度，出现花打顶现象。

（6）一次性留瓜过多或者大瓜采摘不及时，导致营养消耗过多，影响营养生长，出现花打顶、茎蔓变细、叶片变小等。

【防控措施】

（1）创造良好的土壤环境。

（2）黄瓜定植时使用根旺生物菌 + 井冈蜡芽菌浇定植沟，晒地 3~5 天后浇透水，冲施金龟原力，然后停止浇水，蹲苗、养根。

（3）正确调配留瓜数量。通常同时留瓜 4~6 条，大中小搭配。留瓜较多时，注意冲施有机水溶肥、生物菌肥，全面补充营养，提高吸收功能，促进膨瓜发秧；同时结合叶片喷雾几丁聚糖、氨基寡糖、海藻酸等叶面肥料，全面平衡生长与结瓜。

（4）科学调控温度。当留瓜过多时，提高夜间温度，强旺瓜秧，在瓜条膨大的同时有足够能力发育瓜秧，提高连续结瓜能力。

（5）足够水分供应。留瓜增加，要适当增加水分供应，切不可缺水干旱，影响瓜秧生长和瓜条膨大；但是，一定要根据天气浇水，未来连续阴天不浇水或者少量浇水；高温天气一定要保证足够水分，最好滴灌与大水漫灌交替，以防因缺水造成根系萎缩、生长不良，以及一些生理性病害。

（6）及时采收。留瓜较多时要及时采收销售，不可留瓜过大，更不能漏拉瓜。

（7）喷雾农药时避免使用生长抑制药剂，配合促进生长的叶面肥料连续使用。

十五、黄瓜生理性芽枯病

【症状特点】通常叫促头子、烂头子，是黄瓜生长点部位叶缘干枯的现象。常呈勺状变形，或者感染病菌的生长点腐烂掉。

芽枯病

【发生原因】

（1）黄瓜生长过快、组织幼嫩，被突然的高温、通风吹干枯叶缘。

（2）黄瓜棚内通风降温过晚，通风口过大抽干生长点。

（3）黄瓜品种差异，有些生长快、瓜秧旺的品种，生长点部位特别幼嫩，易发生日灼伤或者风干，发生芽枯。

（4）防治不及时，夜间高湿环境下，灼伤组织感染杂菌，通常表现灰霉病、炭疽病、枯萎病等。

【防控措施】

（1）选择黄瓜抗性品种，减轻发病。

（2）提前通风，棚温升高到 28℃时开始小通风，棚温逐步升高，而不是下降。

（3）通风口下铺设缓冲膜，减缓快速流动的空气，分散接触，降低抽干可能性。

（4）平整地面，起垄，均匀给水。保持通风口下与全棚同干湿，略有干旱及时浇水。在连续阴雨雪天后乍晴天气，早晨适当滴灌浇水，冲施生物菌、金龟原力等生根养根的肥料。

（5）在黄瓜生长到 1 米高时，适当喷雾唑类杀菌剂，延缓生长，老化幼嫩叶片，提高抗日灼伤、抗抽干能力。

（6）发现芽枯病零星发生，及时喷雾 40% 氟硅唑 6 000 倍液 +20% 噻森铜 750 倍液 + 盖美特或者绿元素等。

十六、黄瓜锰中毒

【症状特点】黄瓜锰中毒主要表现在叶片上，叶片沿着叶脉组织两侧出现褪绿黄化斑点，叶面色泽变暗，发生严重的叶片、叶柄、瓜蔓上的刺毛、叶脉变为紫黑色，发病较快的叶柄部位时常有断断续续的白色干枯条段。黄瓜从下部叶片开始，快速向上黄化、干枯，瓜条变短、畸形瓜增多。叶脉两侧黄化，有紫黑色刺溜毛是典型特点。

【发生原因】

（1）土壤盐分过量，严重酸化、盐渍化。

（2）严重缺钙。

（3）土壤长期高湿或者浅层积水。

【防控措施】

（1）采用黄瓜棚室生态施肥技术。

（2）冲施金龟钙奶，喷雾盖美特，积极补钙。

（3）注意减少含锰药物使用，如代森锰锌等。

（4）做好排水，减少浇水，及时松土，增加土壤通气性。

锰中毒

第九章　西红柿病虫害生态调控技术

一、西红柿生态调控技术

1. 选址建园

选址为远离“工业三废”污染区域，远离交通主干道及居住生活区，生态环境条件良好，地势平坦，排灌方便，土质疏松、沙壤土地块，适度规模连片种植，便于生产管理和销售。

2. 土壤培护

（1）西红柿良好环境栽培技术：多数老菜园地和一般大田地块土壤的有机质含量低，盐分高、土壤酸化、中微量元素营养不足，需要大量使用有机肥、生物有机肥，补充有益生物菌，增加土壤活性，减轻土壤酸化、板结程度。铺施腐熟畜禽粪 20~30 米^3/亩，喷洒生物菌发酵剂，充分旋耕耙匀，闷棚 1 个月以上，确保发酵充分、有益菌增量。垄施海藻生物菌肥 300 千克，配合中微量元素肥金龟二代 100 千克，不用氮、磷、钾复合肥，创造良好的土壤环境。

（2）冲施肥料：西红柿定植后冲施生物菌肥，促进根系快速生长，减轻肥料伤害，加快缓苗；第二穗坐果后，冲施金龟钙奶、钙镁等碱性高钙肥料，调理土壤，减轻酸化程度，预防脐腐病、筋腐病，促进后期均匀转色。春节前后低温、生长势衰弱期，西红柿追肥以生根养根为主，冲施根旺生物菌、金色原力、海藻酸、氨基酸等高活性肥料，快速补充营养、改善根际环境，更有利于膨果、壮棵，提高抗病性。为预防灰霉病等常常控水，及时检查棚内中南部土壤墒情，控水不可缺水，以免过早空秸，影响养分输导。第三穗果膨大期，可以适量冲施高钾低磷中氮水溶肥，促进果实膨大，每亩每次用量不得超过 5 千克。

（3）叶面补肥：西红柿生长过程中需要及时补充叶面肥，可以结合病虫害防治用药连续喷施；早期喷雾以腐殖酸、氨基酸、海藻酸等为主的叶面肥，促进健壮生长；进入开花结果期，喷雾硼肥、钙肥，低温季节补充铁肥、钾肥；同时结合防治病毒病，喷雾太抗几丁、氨基寡糖、绿元素等，增加叶片厚度，增进绿色，提高抗病性等。

3. 品种选择与苗木处理

西红柿选用优质、高产、抗病虫、抗逆性强、适应性广、耐贮运的品种，如抗病毒病强的粉果、抗灰叶斑强的红果。采用工厂化育苗，苗木采购后先进行药剂处理。选用溴氰虫酰胺种衣悬浮剂 + 咯菌腈种衣悬浮剂喷淋浸苗盘，或者选用噻虫胺、噻虫嗪种衣悬浮剂混合霜霉威、噁唑霜脲氰、申嗪霉素等喷淋浸苗盘，苗木药液充分渗透后定植，对于预防西红柿茎基腐病、根腐病及斑潜蝇、烟粉虱等有良好效果。

4. 定植后管理

西红柿定植当天滴灌小水，使苗木根系与土壤充分亲和。晒地 5~7 天后，浇透水，然后停水蹲苗。及时覆盖银灰色地膜，保湿、保温、防草、驱虫，地膜下边滴灌浇水，控制棚内湿度，减轻病害发生。第一穗坐果后，停止蹲苗，适当浇水，进入果实快速膨大期。西红柿果实膨大期是需水最多，也是形成产量的关键时期，要保证水分充足，以土壤含水量达到70%~80%为宜。西红柿摘心时，最上穗果实上部最好保留2~3片叶，可避免日灼伤和纹裂，提高优质果率。第一穗果绿熟期后，摘除其下全部叶片和枯黄有病斑的老叶，便于快速着色。摘除老叶时，要选择晴天上午操作，尽量使伤口当天干燥愈合。如果当天不能充分干燥愈合，一定要在当天喷雾药剂进行伤口消毒处理，预防灰霉病、细菌性髓部坏死病等，否则，引起烂秸秆、死棵。

西红柿苗期白天适温为25~27℃，夜晚适温为15℃，定植初期适当提高夜间温度，促进地温升高，加快生根，奠定丰产基础。同时缓苗后根系稳定了，有必要进行抗寒锻炼，适当降低夜间温度，可以逐步降低到早晨棚温5℃，西红柿叶片有点紫色刚好。进入开花结果期，白天的适温为27~30℃，夜晚为10~15℃；进入果实转色成熟期，白天适温为25~28℃，夜晚为13℃，加快营养输导转化，促进果实转色。

5. 具体措施

（1）实行严格轮作制度，条件适宜时要与水稻等轮作，也可以播种豆科、玉米；或者种植优势杂草，等草长高后全部刈割，深翻到土壤中腐熟，调理土壤。

（2）培育适龄壮苗，提高抗逆性。

（3）控制好温、湿度，保证适宜的肥水、充足的光照条件，通过早晨晚放风，提高棚内二氧化碳利用率，并且能快速升温，预防病害。

（4）大棚通风口铺设防虫网，减少害虫迁入。棚内挂设黄蓝板，诱杀烟粉虱、蓟马、斑潜蝇、蚜虫等害虫，在行间或株间高出植株顶部挂设，每亩30~60块。当板上粘满虫体时，再重新挂一轮。

（5）科学调控温、湿度，创造有利于西红柿生长，不利于病虫害发生的良好生态环境。早期（8~9月温度高）注意滴灌浇水与大水漫灌结合，增加棚内湿度，控制白粉虱、蚜虫等发生；10月后夜间需要封棚保温，灰霉病容易发生，以滴灌浇水为主，控制湿度；快速提高白天温度，降低夜间温度，加大温差，配合使用生物药剂木霉菌、枯草芽孢杆菌等，预防灰霉病。

（6）防控青枯病、溃疡病，注意创造良好的土壤环境，避免根系损伤，摘除老叶时保护伤口，施用荧光假单孢杆菌、解淀粉芽孢杆菌等生物药剂。选用可杀得、络氨铜、琥胶肥酸铜、噻森铜、叶枯唑、噻霉酮、中生菌素等药剂，防治细菌性病害。

（7）深沟高畦，严防积水，清洁田园，做到有利于植株生长发育，避免侵染性病害发生。

二、西红柿灰霉病

【症状表现】灰霉病不仅烂果，也引起茎秆腐烂，植株枯死。幼苗染病，子叶先端发黄，叶片呈水渍状。幼茎受害初为水渍状，继而变成褐色病斑，常折断。果实发病多从残留的败花和柱头部先被侵染，花腐后向果面和果柄扩展，一般近果蒂、果柄或果脐处先显现症状。幼果软腐，果实成熟前病部果皮呈灰白色、水渍状软腐，很快发展成不规则大斑，产生灰黑色霉层，整个果实发病后变成“灰毛猴头”。一般病果不脱落，发病后交叉感染、扩大蔓延，严重时整穗果实全部腐烂。叶片发病多从焦枯的叶边、叶尖开始，向内呈“V”字形扩展。病斑初呈水渍状，边缘不规则，后呈浅褐色至黄褐色，具深浅相间的轮纹。染病的花瓣、花蕊等落到叶面或枝上，直接侵染发病，可形成圆形或梭形病斑。茎较多受害，通常是下部叶片剪除时，没有做好伤口消毒而感染。损伤处染病后呈水渍状，叶柄基部先发病，后扩展引起茎秆发病。严重时病斑环绕茎部，营养输导阻断，上部叶片萎蔫、枯死；果、叶、茎的病部密生灰褐色霉层。

【发生原因】病原灰葡萄孢真菌主要以菌核形式遗留在土壤中，或以菌丝体和分生孢子形式附着在病残体上越冬或越夏，也可在其他有机物上腐生存活，成为下一茬蔬菜病害的侵染源。低温高湿是发病原因，尤其是冬日浇水过多、连续阴雨雪天，更容易发生灰霉病；茎秆发病主要是剪叶随意，阴天或下午照常操作；品种的花冠脱落性状、柱头缩存方式都会影响发病。

果实灰霉病

叶片灰霉病

灰霉病剪口

【防控措施】

（1）设计好棚面坡度，弧面高陡度流水性好、采光量大。选择平整无褶皱的无滴膜覆盖，避免棚内滴水增加湿度。栽植时大小行起垄栽培，地膜覆盖，膜下滴灌浇水，降低棚内湿度。

（2）选择花冠柱头脱落干净的西红柿品种。

（3）及时浇水，调控好温度，避免叶片日灼伤，降低发病率。

（4）冬季低温季节，缩短滴灌浇水时间，适当减少浇水次数。高温天气酌情增加浇水量和频次。浇水前注意天气预报，至少浇水后有一个晴天晾晒，方可浇水。

（5）及时喷药防护，每一批花冠脱落期、降温封棚之前，注意天气预报，在连续阴雨雪天和浇水之前喷药，效果更好。

（6）选择晴天上午剪除下层老化叶片，当天伤口干缩愈合最好，其他时间操作的最好当天完成，随时喷药消毒。药剂选用啶氧菌酯＋噻森铜，真菌和细菌兼防。

（7）药剂防治，选用木霉菌、咯菌腈、多抗霉素、枯草芽孢杆菌、乙霉威的复配制剂及嘧霉胺、啶氧菌酯、啶酰菌胺、吡唑醚菌酯、啶菌噁唑等。发病严重时或者阴雨雪天，可以喷粉格瑞微粉 2 号，降低湿度效果更好。

三、西红柿晚疫病

晚疫病在西红柿上偶尔大发生，主要侵害叶片、中上部茎秆、果实等。

（1）幼苗发病初期，叶片产生暗绿色水渍状病斑，逐渐向主茎蔓延，使茎基部变细，呈水渍状缢缩，最后整株萎蔫或折倒，湿度大时病部着生白色霉层。

（2）叶片发病，多从植株中下部叶尖或叶缘开始，逐渐向上部叶片和果实蔓延。初期为暗绿色、不规则水渍状病斑，病健交界处无明显界限。空气湿度较大时，病斑会迅速扩展，叶背边缘可见一层白色霉层。空气干燥时病斑呈浅褐色，继而变为暗褐色后干枯。

（3）茎秆发病，初呈水渍状，渐呈暗褐色或黑褐色腐败状。病茎表皮组织受害严重，深层组织逐步发生病变。严重后病茎部组织变软，水分供应受阻，病部折断，植株萎蔫。

（4）果实发病：多从青果近果柄处发病，呈不明显、水渍状大斑，逐渐向四周发展成云状不规则斑。病斑边缘没有明显界限，后期逐渐变为深褐色（像铁锈）。病斑稍凹陷，病果质硬不软腐，周缘不变红，潮湿时病斑表面产生一层白色霉状物，严重时果实病部出现条状裂纹。

晚疫病

【发病原因】低温高湿是发病原因，连续阴雨雪天、温度低、湿度大；浇水过大、白天通风过度、夜间温度过高，容易发生晚疫病。

【防控措施】通常用代森锰锌、代森联、噁唑锰锌、吡唑代森联等，7~10 天 1 次，连续喷雾。发现病害后，强化高温差管理模式，同时喷雾霜脲锰锌、噁唑霜脲氰、氟噻唑吡乙酮、霜霉威、丁子香酚等治疗，效果良好。喷雾 52.5% 噁唑霜脲氰 600 倍液，结合高温差管理，快速控制病情。

四、西红柿青枯病

【症状特点】西红柿青枯病是由假单胞杆菌引起的，系统侵染的细菌性病害。从西红柿根部或茎基部的伤口侵入，侵入后在维管束内繁殖，向上部蔓延扩展，使维管束变褐、腐烂，茎、叶因缺乏水分的正常供应而产生萎蔫。通常中午萎蔫，早晚恢复。先是顶端叶片萎蔫下垂，后下部叶片凋萎，中部叶片最后凋萎，病叶颜色变浅，维管束变褐，横切病茎，用手挤压会溢出白色不透明液体，是病原菌菌脓。西红柿受害后即使不发生萎蔫，也可以看到茎秆表皮粗糙，茎中下部增生不定根或不定芽。湿度大时，病茎上见水渍状褐色块。

番茄青枯病是番茄维管束系统性病害之一。受害株苗期危害症状不明显，植株开花后，病株开始表现出危害症状。除了叶片萎蔫外，果实也见顶部失水凹陷，受害时间较久的出现类似脐腐

青枯病

病的症状。如果土壤干燥、气温高，2~3 天后病株不再恢复而死亡。叶片色泽稍淡，但仍保持绿色，故称青枯病。病株在土壤含水较多或连日下雨的条件下，病状持续 1 周才死亡。

【发生原因】西红柿青枯病是茄科蔬菜典型的土传性病害，病原菌在土壤中长期营腐生生活；多年连作地、地势低洼、排水不良、土壤酸化的田块发病较重； 早期大量用肥或者圈肥未充分腐熟，容易诱发青枯病。

【防控措施】

（1）采用西红柿生态施肥技术。

（2）药剂处理苗盘，溴氰虫酰胺或者噻虫胺 + 咯菌腈种衣悬浮剂，混合荧光假单胞杆菌；定植期冲施根旺生物菌 + 申嗪霉素，预防根腐病、茎基腐病，活化土壤，促进根系快速生长，提高吸收功能，加速缓苗生长，提高抗病能力。

（3）喷雾药剂保护叶片，结合喷雾荧光假单胞杆菌 + 吡唑代森联 + 太抗几丁 + 钙硼叶面肥料，或者喷雾可杀得、琥胶肥酸铜、王铜，交替喷雾噻森铜、噻菌铜、噻霉酮、叶枯唑、中生菌素、申嗪霉素等，内吸加保护，充分防控。

（4）注意实行轮作；加强田间管理，做好排水防涝，起垄栽培等综合防控，效果更好。

五、西红柿叶片黄化

【症状特点】西红柿叶片黄化，主要有新梢叶片黄化、新梢叶片皱缩黄化、中上部叶片黄化、基部叶片黄化等。新梢叶片黄化，叶形舒展，叶片全部褪绿黄化，叶脉保持绿色。一般是缺铁或者根系吸收障碍等因素导致的叶片黄化，沿叶脉有规则分布的褪绿斑块；缺镁或者磷钾过量，根系发育不良而影响镁吸收，也

黄化病

黄化病

会导致叶片黄化。因药物刺激引起棚室内特定分布型的中上部叶片褪绿。上部叶片褪绿，叶柄平展或者下垂，叶片皱缩，通常是由黄化曲叶病毒引起的病毒性黄化；中上部叶片黄化、叶柄不同程度的弯曲下垂，叶缘焦枯，多数是根系受到伤害；或者低温偏低，棚温持续较高，破坏叶绿素，引起上部叶片、茎秆组织黄化，高温过去即停止扩展。近年来常发生西红柿进入三穗果期后，由于管理不当，造成下部叶片自下而上逐渐黄化，从叶缘开始干枯。主要因浇水过多或者干旱严重伤害根系，根系吸收功能障碍，上部叶片组织、果实旺盛生长，需要大量营养，植株只能从下部叶片组织转移到生长旺盛组织，导致下部叶片黄化干枯。

【防控措施】

（1）采用西红柿生态施肥技术。

（2）药剂处理苗盘，同西红柿青枯病；果实坐果后，冲施金龟钙奶、氨基酸钙、盖美特等钙肥；三穗果后注意把握好浇水时机，不可过于干旱，注意天气预报，避开连续阴雨雪天之前浇水，保护好根系，确保根系完好。

（3）大棚通风口铺设防虫网，棚内挂设黄蓝板，诱杀烟粉虱、蓟马、斑潜蝇、蚜虫等。

（4）喷雾药剂保护叶片，结合喷雾吡唑代森联 + 太抗几丁 + 绿元素、海藻酸、氨基酸、腐殖酸等，补充营养，防控病毒病。

（5）采用西红柿棚室温、湿度生态防控技术。

（6）每批次摘除 3~4 片老叶，转色期果实多数外露即可。打顶摘心时，最上穗果实上部保留 2~3 片叶，便于保护果实。

六、西红柿筋腐病

【症状特点】西红柿进入转色期着色不均，剖开检查，果肉组织褐化，果皮组织层表现严重，心室正常，所以称为筋腐病。筋腐病又叫“乌心果”“黑筋”，是一种专门危害果实的生理性病害。筋腐病会造成西红柿果肉僵硬、口感味道不佳、木栓化、上色不均匀，商品价值低。西红柿出现青一块、红一块，若防治不及时，很有可能会造成番茄筋腐病。筋腐病仅发生在番茄果实上。以青果期至着色期前易发病。发病初始，在幼果脐部、花器残余部位及其附近产生水渍状斑，暗绿色，后扩大为暗褐色大斑，有时扩展到半个果实。当病部深入到果肉内部时，果肉组织呈干腐状收缩，较坚硬。被害部分呈扁平状，表面皱缩，病果一般不腐烂。后期遇湿度高时，病部易被其他腐生霉菌寄生，在病部出现黑褐色霉状物，造成病果软化腐烂。

【发生原因】缺钙是西红柿筋腐病的重要诱因，同时也与品种有关，不同品种对钙的吸收能力、需求量不同。西红柿缺钙的原因为土壤酸化、板结、盐渍化，影响了西红柿根系的生长和对

筋腐病

营养元素的吸收，特别是钙吸收障碍。棚温高、干燥或者浇水后遇到连续阴雨雪天，影响根吸收钙；土壤中氮、磷、钾偏高等原因，也会导致钙缺乏；土壤中钙素不足，没有及时补充钙肥等。

【防控措施】参照西红柿黄叶病防控措施，注意补充钙肥。

七、西红柿裂果

【症状特点】西红柿果实膨大期和成熟期都容易裂果，主要表现为果皮纵向或者不规则开裂，深达果肉组织或者仅仅表皮开裂。

【发生原因】

（1）坐果剂浓度过高或在高温期使用，这是早期裂果的重要原因。

（2）果实进入转色期，因担心裂果而控制浇水，西红柿严重缺水时又不得不浇水，容易引起裂果。

（3）西红柿缺钙。

裂果

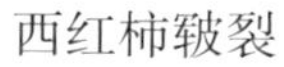

西红柿皲裂

锈果病

（4）叶面积不足，果实受高温、强日照刺激发生轻度灼伤。

（5）西红柿缺硼易引起横向裂口，主要在浅表皮层。

【防控措施】参照西红柿筋腐病防控措施。注意随温度变化调整好蘸花药剂浓度；避免浓度过高或者阴天蘸花，过多吸收引起裂果；顶穗果以上保留 2~3 片叶，保持营养吸收力和对果实的遮阴。

八、西红柿着色不良

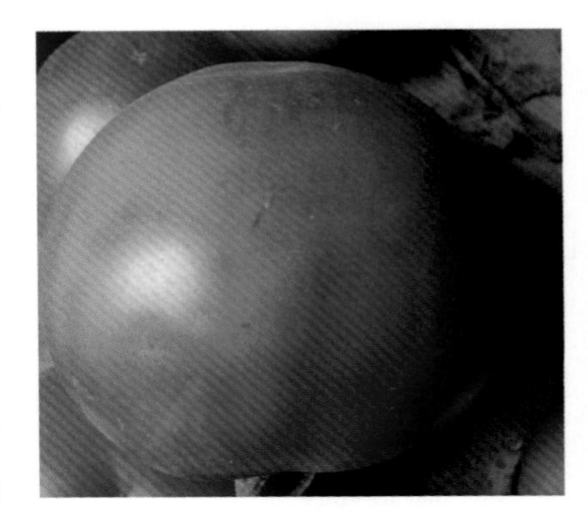
着色不均

【症状表现】西红柿进入成熟转色期，常出现成熟西红柿颜色不一，有红、有黄、有青，不是本品种成熟后的正常颜色，而且口感差、肉质硬，商品价值低。

【发生原因】严重缺钙，西红柿发生筋腐病常出现着色不均。轻度缺钙，即使不发生筋腐病，西红柿也会表现着色不均。根系吸收功能差，棚温高，西红柿因蒸腾作用不足而发生灼伤，不能正常着色。土壤中氮、磷偏高，也会导致西红柿着色不良。叶片摘除过重或者受到烟粉虱侵害、黄化现象严重，因影响叶片功能导致西红柿着色不均。

【防控措施】同西红柿筋腐病防控措施。

第十章　大姜病虫害生态调控技术

一、大姜生态调控技术

大姜露地种植亩产量4 000~6 000千克，保护地种植产量更高，具有高投入、高产出的特点。正是由于不科学的高投入，导致大姜种植问题日益严重，许多姜农不得不采用轮作换茬的方式。有些地块尽管是生茬新地，同样会出现严重减产，甚至绝产现象，主要原因不是重茬病原菌基数过高，而是用肥过量，或者一次性施肥过多、过近，导致了病菌侵染。采用良好环境栽培技术，解

大姜丰产

决土壤酸化、板结、盐渍化问题，克服大姜茎基腐病、疥姜、毛姜等问题，给姜农带来了希望。

1. 大姜土壤生态调控技术

（1）选地：种植要求土壤肥沃疏松，透气性好，排灌条件良好，保水保肥力强，pH 5~7，没有严重的盐渍化、板结问题。选地要远离各种污染源，自然环境优越，包括空气、灌溉水、土壤应符合 NY/T391–2000。禁选使用过除草剂硝磺草酮、莠去津、烟嘧磺隆等的种植过玉米的地块，以免农药残留影响大姜生长。播种或者栽植指示植物油菜、白菜等，确定是否有除草剂残留问题。禁选姜瘟病严重发生地块。

（2）整地与施肥：大姜种植前 2~3 个月整理土壤备播，每亩地撒施腐熟畜禽粪 5 000 千克（约 15 米^3），喷洒生物菌发酵剂 5 升或者混合海藻生物菌 400 千克，金龟二代中微肥 100 千克，充分耙匀，晒地 2 个月。整理排水沟渠，布置浇灌管道，起垄备播。山岭地按照等高线方向起垄，平整地块南北起垄，垄长以 20~30 米为宜。起垄过长排水困难，浇水不易，影响大姜生长，加大管理难度。大姜播种时，垄施海藻生物菌肥 200 千克，促进早期缓苗，快速生长。不要使用氮、磷、钾肥料和未经充分腐熟的圈肥、饼肥等，以免烧根烧芽，影响生长。

2. 姜种选择与处理

选用抗病、抗逆性强、优质丰产、商品性好的姜种。秋季观察，在无病姜田选留姜种，要求姜种肥大、丰满、皮色光亮、肉质新鲜不干缩、不腐烂、未受冻、质地硬、无病虫害，霜降前及时收获，无病姜入窖储存。播种前 35 天左右，将精选的姜种暴晒 2~3 天，喷雾 20% 噻森铜 400 倍液 +2.5% 咯菌腈 400 倍液。晾干后装箱催芽，待姜芽生长至0.5~1厘米时移出，喷雾噻虫胺、咯菌腈种衣剂，晾干备播。注意不要浸种处理，以免人为传播病害，加重损失。

3. 栽植时间

设施大棚于立春至雨水期间栽植大姜，小拱棚于春分至清明期间栽植大姜，地膜覆盖于五一后栽植大姜。栽植大姜时土壤墒情较好，不用浇水，直接封培，晒地提温，加速发芽生长；如果土壤干燥，可少量浇水，冲施根旺生物菌+井冈蜡芽菌混合稀释液，促进生根发芽，预防土传病害。

小拱棚栽培

地膜覆盖、立网遮阴栽培

大棚与高网遮阴

4. 苗后管理

大姜临近出苗期，为防止烫伤幼芽，要提前浇水，冲施根旺生物菌，促进发芽整齐健壮。出芽期装高网（平网）遮阴，田间设置 1.8 米左右高支架，悬拉钢丝，选用 3 米宽幅的遮阳网，间隔 1 米拉一幅，根据地块调整网幅间距离。大姜生长早期，结合浇水补充肥料，以氨基酸、生物菌、海藻酸、碳肥为主；三马叉期前，不要冲施、撒施氮、磷、钾肥料，避免茎基腐病发生；大姜小培土、大培土时可以适量撒施中氮、低磷、高钾肥料（氮：磷：钾为 15 ：5 ：25），距离姜苗 15 厘米以外施肥。先开沟撒肥再覆盖，每亩次用肥不可以超过 50 千克，每茬最多施肥 2 次。

5. 大姜主要病虫害防治

（1）茎基腐病：这是大姜绝产的主要病害，通过良好用肥、平网遮阴、田间留草、加强排水，结合齐苗后、小培土前、大培土前三次冲施井冈蜡芽菌，可以预防发病，同时可以防控毛姜病（白绢病）、根腐病等发生。防治茎基腐病，用 12.5% 井冈蜡芽菌 30 倍 +10% 啶氧菌酯 750 倍定向喷淋，结合井冈蜡芽菌 + 根旺生物菌冲施，效果良好。

（2）姜瘟病：通过优选姜种、短垄栽培，加强排水，创造良好的土壤环境，6 月中旬、7 月中旬浇灌噻森铜 + 可杀得 2000 稀释液，封闭灌药处理。

（3）姜钻心虫（玉米螟）：5 月下旬前后姜苗长到 40 厘米时，喷雾 35% 奥得腾 5 000 倍液，20 多天后再次喷雾。

（4）其他虫害：防控甜菜夜蛾，喷雾茚虫威、虫螨腈、虱螨脲、甲维盐等。对于蓟马等小型害虫，喷雾噻虫嗪、呋虫胺、烯啶虫胺等防控。

二、大姜茎基腐病

【症状特点】大姜茎基腐病，又叫歪脖子病，是大姜生产过程中造成减产，甚至绝产的病害。通常从出苗至收获都可发病。特别是高温后大雨、施肥后、降大雨积水后都可能发病。感病初期大姜茎基部、土痕上下出现水渍状斑块，快速扩展。发病姜苗

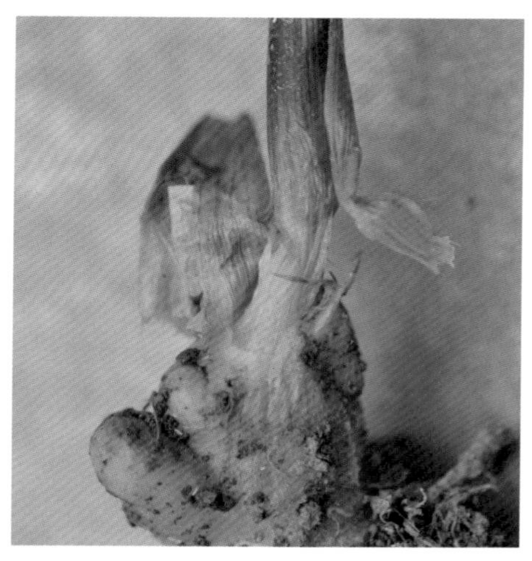

茎基腐病

茎基腐病

姜瘟病

茎基部软腐或者失水变细，姜苗倾斜、歪倒，所以叫歪脖子病。发病后，上部叶片黄化、枯黄或者枯萎下垂。与姜瘟病的区别在于输导组织内的液体不同。快刀切断姜苗，用力挤压，溢出液体澄清透明，即是茎基腐病；如果溢出液体白色、不透明，则是姜瘟病。姜瘟病与茎基腐病的区别有三点：叶片变黄，茎基部变细或者倒伏，断苗溢出透明澄清液体，是茎基腐病；叶片萎蔫，茎基部水渍状，断苗溢出白色不透明液体，是姜瘟病。

【发生原因】

（1）土壤盐渍化，或者过量用肥、熏蒸剂释放不彻底。

（2）土壤板结，高温干旱期暴晒后遇雨或者浇水，日灼伤、地表磨伤等微伤口感染病菌。

（3）大量施肥后，特别是集中用肥、近距离用肥后，盐渍伤害姜芽、姜根、幼姜等，感染病菌。

（4）暴雨过后，排水不良，导致沤根伤害，感染病菌。

【防控措施】

（1）创造良好的土壤环境，以充分腐熟的畜禽粪，混合海藻生物菌肥为主，配合金龟二代中微肥，避免氮、磷、钾肥料和未经充分腐熟肥料的大量使用，逐步降低土壤酸化、板结、盐渍化程度。

（2）整理排水沟渠，布置浇灌管道，充分做好根系生发层排水，防止内涝沤根。

（3）出苗早期到三马叉期，提倡高网（平网）遮阴；尽量保留田间少量杂草，吸收太阳光能，降低小环境温度，更有利于大姜的良好生长和减轻病虫害发生程度。

（4）大姜生长早期遇到干旱及时浇水，不可以过度干旱之后再浇水，以减少姜苗基部损伤，降低发病的可能性。

（5）大姜生长需要大肥大水，但是一次性过量用水，有可能造成沤根，一次性过量用肥，特别是施用未经充分腐熟的饼肥、圈肥和氮、磷、钾肥料，容易引起根、茎秆、姜块等烧灼伤，感染病菌，发生茎基腐病。大、小培土后 7~10 天突然发生茎基腐病，多数是这方面的原因，冲施金龟原力替代效果良好，膨大快、增产、耐储存。

（6）药剂防控结合。大姜茎基腐病病原为腐霉根腐病菌、疫霉根腐病菌等，都是弱寄生菌，必须有微伤口才能感染发病，所以防控重点应放在避免产生微伤口，或者发生微伤口后消毒保护。对于腐霉根腐菌感染，使用井冈蜡芽菌、申嗪霉素、木霉菌素、枯草芽孢杆菌，及恶霉灵、咯菌腈等；对于疫霉根腐菌感染，使用甲霜灵、霜霉威、霜脲锰锌等。在大姜出苗后、小培土前、大培土前分别 3 次浇灌井冈蜡芽菌，或井冈蜡芽菌喷淋茎基部，结合浇灌，防治效果好。发现茎基腐病，用 12.5% 井冈蜡芽菌 30 倍液 +10% 啶氧菌酯 750 倍液定向喷淋，结合井冈蜡芽菌 + 根旺生物菌冲施，防治效果好。

三、大姜姜瘟病

【症状特点】大姜姜瘟病是由黄单胞杆菌属细菌侵染引起。大姜叶片萎蔫下垂或者卷缩；茎部呈水渍状，内部组织变褐，切开有白色菌脓溢出，随后腐烂、恶臭，叶片凋萎；严重后叶色淡黄，边缘卷曲，最后死亡，但是姜苗直立干枯。注意姜瘟病与茎基腐病的区别。

姜瘟病

【发生原因】姜瘟病为细菌性病害，该菌在姜块内或土壤中越冬，带菌姜种是主要侵染源，栽种后成为中心病株。土壤中残留的病残体、病菌也是重要的最初侵染来源，靠地面流水、地下害虫、农事操作等传播，病菌需借助伤口侵入。通常6月底开始发病，8月前后高温季节发病严重。

【防控措施】姜瘟病是可防治的细菌性病害，早期采取措施，可以有效控制。

（1）晚秋选择无病地块的良好品种大姜地块作为留种田，霜降前完成收挖入窖，独立贮存。

（2）选择无姜瘟病田块，或者姜瘟病轻发田块再次种姜。对于轻度发病田块，翌年种植大姜要做药剂处理，用荧光假单胞杆菌毒土撒盖姜种简单易行，效果良好；用可杀得等铜制剂拌毒土，撒姜沟后播种，6 月中旬、大培土前再用药处理 2 次，效果理想。

（3）种子处理。通常将晒好的姜种，反正面喷雾噻森铜等内吸性杀细菌药剂，然后闷种催芽，切忌浸种处理，否则会加重发病。

（4）发现病株及时处理，6 月下旬后注意田间观察，发现类似病株，诊断是否为姜瘟病，切不可直接拔出，扔到沟渠，否则会造成人为传播，很可能全田一起发病。直接用薄膜覆盖病株及左右各 1 株健株，封土覆盖，阻断与周围水土交流，避免降雨、浇水时病菌扩展。

（5）药剂处理。选用内吸 + 保护预防杀菌剂，足量灌墩。如 20% 噻森铜 150 倍液 +58% 可杀得 2 000　500 倍液，每株浇灌 200~500 毫升。为了保证姜组织内有足够药剂浓度，5~7 天再次浇灌，连灌 2~3 次，可以控制病菌扩散。选用荧光假单胞杆菌、梧宁霉素、中生菌素或者络氨铜、琥胶肥酸铜、噻菌铜、噻唑锌等处理，均有良好效果，注意浇灌药液量要足，及时补充，保证粗厚的姜块内部病菌被有效浓度的药剂控制。

四、大姜毛姜病

【症状特点】大姜毛姜病就是白绢病，又称菌核性根腐病和菌核性苗枯病，是由半知菌亚门小菌核属真菌侵染引起。白绢病通常发生在姜苗根茎部或茎基部。感病根茎部皮层逐渐变成褐色坏死，严重的皮层开始腐烂。受害后，影响水分和养分的吸收，

白绢病

以致上部叶片变黄，自下而上枯萎。在潮湿条件下，受害根茎表面或近地面土表覆着白色绢丝状菌丝体，后期菌丝体形成很多油菜籽状的小菌核。初为白色，渐变为淡黄色至黄褐色，以后变茶褐色。菌丝逐渐向下延伸及姜块、根部，引起姜块、根系腐烂，白色菌丝体、菌索缠绕。

【发生原因】白绢病菌是一种土壤习居菌，以菌丝体或菌核形式在土壤中或病残体上越冬，翌年温度适宜时产生新菌丝体。病菌可随地表水流传播，侵染姜苗根部或根茎部，引起发病。病菌喜高温、高湿，病害多在高温多雨季节发生，7~8 月气温 30℃时为发病盛期。在酸性土壤和沙质土壤中易发病；土壤湿度大时病害易发生，特别是排水不良、盐渍化土壤、姜苗栽植密度大时发病重。

【防控措施】

（1）搞好排水，大姜田块外围，尤其是靠近山岭、高地一侧，挖沟做好排水准备，以防夏季连续大雨而积水，诱发病害。短垄栽培便于排水畅通。

（2）创造良好的土壤环境，足量施用充分腐熟的畜禽粪，混合海藻生物菌、金龟二代中微肥，充分耙匀，控制施用氮、磷、钾肥料，逐步缓解土壤酸化、板结、盐渍化程度，促进大姜健壮生长，提高抗病性。

（3）药剂防治。大姜播种时、三马叉期、大培土前、储存时，喷淋或者浇灌井冈蜡芽菌，或者交替使用申嗪霉素、噻呋酰胺等，可以预防大姜白绢病、茎基腐病、根腐病等。田间发现病株，用 12.5% 井冈蜡芽菌 300 倍液 +24% 噻呋酰胺 1 000 倍液全田喷淋，病株周围灌墩 + 喷淋，防控效果良好。

（4）大姜储存期，湿度大、温度较高时也会发生白绢病。挑选大姜，入窖储存，可疑带菌大姜入窖时要进行药剂处理，结合防治蛆虫，用 12.5% 井冈蜡芽菌 300 倍液 +24% 噻呋酰胺 1 000 倍液 +30% 噻虫胺悬浮剂 1 000 倍液喷雾姜块，晾干入窖，或者喷沙覆盖姜块。

第十一章 其他作物病虫害生态调控技术

一、韭菜病虫害生态调控技术

人们喜欢食用韭菜，但是又特别担心农药残留问题，所以韭菜栽培最重要的是安全、健康。韭菜栽培一定要选择远离城市生活污染区和工业污染区、避开干线道路的生态环境良好区域，灌溉用水符合国家标准；选用绿色安全肥料；病虫害防控采用物理技术、生物技术和生物制剂，以及微毒、低毒、低残留的高效农药。

（1）创造良好的土壤环境。播种或者栽前40天整地，每亩施优质畜禽粪5~10米^3，地面撒施；喷雾足量发酵生物菌剂，适当喷水调整湿度，反复耙匀。1个月后再次旋耕耙匀、耧平，做畦备播。畦面每亩撒施生物菌肥300千克，金龟二代等硅钙肥100千克，不要使用氮、磷、钾肥料，反复耙匀，浇水播种，或者栽植后浇水，有助于韭菜生长茂盛。

（2）补充肥料。出苗期冲施根旺生物菌，有助于苗全苗旺、根系发达。发生立枯病、猝倒病、根腐病时，混合井冈蜡芽菌同时冲施；快速生长期冲施金龟原力有机水溶肥，促进茎秆粗壮、茂盛生长，每次收割后可以冲施一次，韭菜嫩绿、口感好。多年酸化严重的土壤环境，冲施1~2次金龟钙奶、钙镁等水溶肥料，调理土壤、降低酸化，促进韭菜良好生长。

韭菜虫害主要有韭菜迟眼蕈蚊（韭蛆）、蓟马、蚜虫、葱须鳞蛾等，韭菜病害主要有立枯病、猝倒病、疫病、灰霉病、菌核病、白绢病等。针对韭菜主要病虫害发生时段，采取相应的生态调控技术，配合低毒、低残留、高效农药，既可以良好控制韭菜病虫害，又可以确保韭菜绿色安全与高产优质。

1. 韭蛆防控措施

因地制宜合理选择韭菜抗性品种；不施用未腐熟彻底的圈肥、有机肥，均衡施肥；韭菜收割后可采取撒施草木灰、地面覆网或防虫网种植等措施，减少韭蛆成虫产卵；阶段性采用覆膜高温灭虫技术，蒸杀韭蛆幼虫，如“日晒高温覆膜”防治韭蛆技术（由中国农业科学院蔬菜花卉研究所张友军研究员团队研发）。“日晒高温覆膜”防治韭蛆技术有三大优势：第一，杀蛆效果好，可以彻底杀死土壤中所有虫态的韭蛆；第二，一用多杀，对韭菜田的蓟马、蚜虫、叶甲、跳甲、葱须鳞蛾、蜗牛等其他不耐高温的害虫均能有效防控，对部分韭菜病害也有抑制作用；第三，安全环保，无需使用其他任何药剂，适用于绿色韭菜和有机韭菜的生产。

（1）割韭菜：覆膜前的当天清晨或者前一天傍晚，齐地割去韭菜，并清理地表韭株残体。

（2）覆膜：选择4月底至9月中旬晴天（日最高气温28℃以上），8:30前在已割的韭菜田块覆上一层厚度为0.10~0.12毫米的浅蓝色无滴膜。膜幅超出田块边缘50厘米，且用土壤压盖严实。

（3）揭膜：覆膜期间注意监测土壤温度，如果膜内5厘米深处土温达到40℃及以上，且持续超过4小时，则可彻底杀死韭蛆。

建议 5 厘米深处土温不要超过 53℃，避免伤害韭根。

（4）浇水促长：揭膜后，次日清晨待土温降低后浇水缓苗，冲施金龟原力等海藻酸、氨基酸肥料。或在春秋季节低龄幼虫期，选用球孢白僵菌与细土混匀后，撒施在韭菜基部。割茬后喷洒低毒杀虫剂噻虫胺、灭幼脲等，也有良好效果。

2. 种子处理

播种前 3~5 天要对种子进行包衣处理，建议选用噻虫胺 + 咯菌腈悬浮种衣剂，或者用溴氰虫酰胺 + 咯菌腈悬浮种衣剂拌种，对于早期韭蛆、蓟马、蚜虫、地下害虫及立枯病、猝倒病、根腐等有较好的防控效果。出苗后，喷雾太抗几丁 + 井冈蜡芽菌，或者海藻酸 + 申嗪霉素等，防控疫病、白绢病、根腐病等。

3. 白绢病防控措施

7~9 月高温多雨季节韭菜白绢病常发，韭菜叶片黄化、干枯，从茎秆处开始腐烂，产生白毛。湿度大时，结成萝卜籽状菌核，田间常呈片区发生，俗称“烂窝子”；搞好排水，调理土壤，做好韭菜苗株支撑，预防倒伏；随水冲施或者喷雾申嗪霉素或者井冈蜡芽菌 + 噻呋酰胺等高效安全杀菌剂。

白绢病

4. 灰霉病防控措施

灰霉病是侵害保护地韭菜的重要病害，特别是高温灼伤叶尖后，遇到连续阴雨雪天、低温高湿，特别容易发生灰霉病，防控灰霉病、菌核病和疫病都应注意控制湿度。选择晴天浇水，浇水前、封膜前或者天气预报连续阴雨雪天之前，喷雾生物药剂木霉菌、枯草芽孢杆菌等；或在阴天、棚内湿度大时采用弥粉技术，使用微细格瑞微粉 2 号、木霉菌等，降低湿度且杀菌防病；疫病发生后，选用格瑞微粉 1 号、52.5% 噁唑霜脲氰 600 倍液、甲霜灵、霜霉威、氟噻唑吡乙酮等，喷雾防控。

疫病

灰霉病

5. 科学合理用药

严禁使用高毒、高残留农药，交替使用农药，严格遵守用药安全间隔期的规定。规模性发生的病虫害，先做小区试验，按照农业农村部《特色小宗作物农药残留风险控制技术指标》的要求，科学制定临时用药措施，或者在专家指导下用药防控，确保安全、高效、低残留。

（1）虫害防治：选用灭蝇胺、氟铃脲、噻虫嗪、噻虫胺、氟啶脲、溴氰虫酰胺、苦参碱、金龟子绿僵菌、乙基多杀菌素、氯虫苯甲酰胺、解淀粉芽孢杆菌等药剂。

（2）病害防治：在发病前或发病初期用药，可选用木霉菌、枯草芽孢杆菌、井冈蜡芽菌、申嗪霉素、咯菌腈、嘧霉胺、啶氧菌酯、异菌脲、啶酰菌胺、乙霉威、氟啶胺、氟噻唑吡乙酮、氰霜唑、甲霜灵、噁唑霜脲氰、霜霉威、噻呋酰胺等药剂。

蚜虫

二、芸豆病虫害生态调控技术

芸豆适宜在较干燥环境中生长结果，发病较少，属于低温、低肥、低水的“三低”蔬菜。

1. 选址建园

芸豆建园选址应远离“工业三废”污染区域，远离交通主干道及居住生活区，生态环境条件良好，地势平坦、排灌方便，土质疏松的壤土或沙壤土地块。

2. 土壤生态施肥技术

目前多数耕地土壤盐分高、酸化、板结，有机质严重缺乏，中微量元素营养不足，老菜园、老果园地情况更严重。这样的土壤环境，不利于芸豆良好的生根发芽、开花结果，容易发生根腐病、黄化叶、徒长、结荚少、易衰老、芸豆品质差等；需要大量使用有机肥、生物有机肥或者海藻生物有机肥，增加土壤活性，减轻和预防土壤的酸化、板结、盐渍化，促进芸豆根系生长，特别是增加细小的吸收根，提高吸收功能。

（1）铺施生物菌发酵畜禽粪10~15米^3/亩，充分旋耕耙匀后，闷棚1个月以上，确保充分发酵。起垄备栽，垄施海藻生物菌肥200千克，配合中微量元素肥金龟二代100千克，不用氮、磷、钾复合肥。

（2）冲施肥料：芸豆定植后冲施生物菌肥，促进根系快速生长，减轻肥料伤害，加快缓苗。第一批结荚后，冲施金龟原力，增强根系活性，促进芸豆快速膨大。春节前后低温期，芸豆结荚多、生长势衰弱，追肥以生根养根为主。冲施根旺生物菌、金龟原力、海藻酸、氨基酸等高活性肥料，提高吸收能力，快速补充营养，更有利于膨果、壮棵、提高抗病性。

春节后气温回升，在芸豆膨大期可以适量冲施氮、磷、钾平衡水溶肥或者高氮、中磷、低钾水溶肥料，补充营养，但是注意每亩次冲施量不得超过5千克。

（3）叶面补肥：芸豆叶面补肥，有利于增加产量，提升品质，提高抗病性。特别是春节前后低温期，根系吸收不足，叶面补肥效果更好，可以结合防治病虫害用药连续喷施。早期以喷雾腐殖酸、氨基酸、海藻酸等为主，促进健壮生长；进入开花结果期，喷雾优质硼、钙肥，低温季节补充海藻酸、氨基酸肥等，同时调控生长；喷雾太抗几丁、氨基寡糖、绿元素等，增加叶片厚度，促进生长和荚果发育，提高抗病性。

3. 种植苗木处理

芸豆育苗前进行药剂拌种，选用溴氰虫酰胺 + 咯菌腈种衣悬浮剂种子包衣，或者噻虫嗪 + 咯菌腈种衣悬浮剂包衣，对于预防根腐病、斑潜蝇、烟粉虱等有良好效果。晾干后直接播种，种苗长出 1 片真叶即可移栽。移栽前 1 天使用申嗪霉素喷淋苗盘，第二天带药定植。

4. 定植后管理

水分管理：芸豆定植当天滴灌小水，使苗木根系与土壤充分亲和。晒地 5~7 天后浇透水，然后停水蹲苗，等到第一批坐果后再浇水。随后覆盖银灰色地膜，保湿、保温、防草、诱虫。地膜下边滴灌浇水，控制棚内湿度，减轻病害发生。芸豆早期生长快、节间长，可以适当落秧。第一批结荚后，停止蹲苗，适当浇水，随水冲施金龟原力等高效水溶有机肥。芸豆荚果膨大期需水最多，也是形成产量的关键时期，要保证供水，以土壤含水量达到 50%~60% 为宜。

温度管理：芸豆白天适温为 20~25℃，高于 30℃或低于 15℃授粉结实困难。夜间适温为 13~15℃，芸豆苗期、大量结荚期适当提高夜间温度，促进地温升高，加快生根和提高根系吸收功能，促进丰产壮苗。芸豆喜阳，阳光不足时，芸豆开花、结荚、成熟时间延长，枝叶徒长、黄化，甚至不能开花结荚。大田芸豆应该在早春或者秋后播种，夏季由于温度高，芸豆不能正常生长发育，往往表现为矮化、黄化、不结荚，出现类似病毒病状，甚至发生根腐病而枯死。

5. 具体调控措施

实行严格轮作制度，条件适宜时要在夏季灌水闷棚，播种玉米、水稻等或者生草，收获后秸秆还田，翻耙均匀。

（1）培育适龄壮苗，提高抗逆性。

（2）控制好棚内温、湿度，通过早晨晚放风提高棚内二氧化碳利用率，并且起到快速升温的作用，减轻发病程度。

（3）做好辅助防虫，大棚通风口铺设防虫网，棚内挂设黄蓝板，诱杀烟粉虱、蓟马、斑潜蝇、蚜虫等害虫。

（4）冬前8~9月注意滴灌浇水与大水漫灌结合，增加棚内

芸豆高温环境引起的叶片黄化、畸形，荚果变色

芸豆肥害

芸豆肥害后根系褐化

湿度，控制白粉虱、蚜虫等发生。10月后夜间需要封棚保温，灰霉病容易发生。注意以滴灌浇水为主、控制湿度，加大白天与夜间的温差，阻碍灰霉病发生发展。配合生物药剂木霉菌、枯草芽孢杆菌等使用。

（5）防控芸豆根腐病，参考黄瓜根腐病。

（6）防控芸豆灰霉病，参考黄瓜灰霉病。

三、芹菜病虫害生态调控技术

近年来芹菜种植也有较多问题，如定植缓苗慢、矮化、幼芽和芯腐烂、叶柄开裂、白化，患软腐病、褐斑病、叶枯病、霜霉病、疫病、菌核病及根结线虫等。这些问题与芹菜生长发育的土壤、供水、温湿度管理等有密切关系，特别是连续蔬菜种植后，土壤酸化、板结、盐渍化，中微量元素、有机质不足，微生物群系破坏，土壤环境恶化是重要的原因。通过应用良好环境栽培技术，取得了良好效果。

土壤环境恶化导致的芹菜黄化、矮缩

土壤盐渍化严重，引起根腐死苗

1. 土地整理与施肥

芹菜移栽前 1 个月整理土壤，每亩地撒施腐熟的畜禽粪 10~15 米^3，喷洒生物菌发酵剂，撒入金龟二代中微肥 100 千克，充分耙匀、发酵，促进有益菌繁殖。搞好排水，布置浇灌管道，整畦田备栽。芹菜栽植时，畦田内撒施海藻生物菌肥 200 千克/亩，促进快速缓苗、生长。不要使用氮、磷、钾肥料和未经充分腐熟的圈肥、饼肥等，以免烧根，影响生长。

2. 定植

栽植前 1 天用药剂处理苗床，喷淋 1% 申嗪霉素 300 倍液 + 根旺生物菌 30 倍液，次日带药移栽。不方便苗床处理的，定植浇水时可以随水冲施井冈蜡芽菌 + 根旺生物菌，预防根腐病，促进生根，加快缓苗。

栽植后晒地 2~3 天，浇透水，随水冲施根旺生物菌、金龟原力、氨基酸、腐殖酸、海藻酸等水溶性肥料，以利于快速缓苗生根。

芹菜定植早期主要目标为快速缓苗，旺盛生长，提高抗病能力，尽快适应环境。不可以使用氮、磷、钾肥料。

芹菜进入旺盛生长期，尤其是老菜园地，最好不用氮、磷、钾肥料，主要冲施金龟原力、氨基酸、腐殖酸、海藻酸等水溶性肥料。芹菜生长快，茎秆嫩绿、脆、亮，结合叶面喷雾金龟原力，混合盖美特、优质硼等，效果更好，能够避免发生茎秆白化、开裂等现象。

3. 芹菜软腐病

苗期染病，出现心叶坏死腐烂，呈烧心状；成株期主要发生在叶柄基部、茎基部和茎上。发病初期出现水渍状的淡褐色、纺锤形凹陷病斑，后迅速扩展，呈黄褐色或黑褐色，内部组织腐烂并有恶臭味，干燥后变黑色，最后仅残留表皮和维管束。严重时生长点烂掉下垂，全株枯死。高温天气、积水或者连续降雨、干旱后过量浇水，容易诱发软腐病。

软腐病防控重点是在壮苗移栽时浇灌药液，移栽缓苗期、连续降雨前及时喷药，预防发病。结合防治芽枯病，喷雾荧光假单胞杆菌 + 盖美特 + 噻虫嗪或者噻森铜 + 盖美特 + 噻虫嗪等，或者用络氨铜、可杀得、中生菌素、琥胶肥酸铜等。

软腐病

4. 芹菜菌核病

是由核盘菌侵染所引起，主要危害植株的茎干。发病初期产生水渍状、不规则病斑，淡褐色，边缘不明显，扩大后病部表面产生白色菌丝。田间湿度大时，密生白色棉絮状菌丝体，病茎组织软腐，后形成圆形或黑色鼠粪状菌核。高湿是发病主要原因，特别是芹菜在栽植密度大、浇水频繁、连续阴雨雪天等情况下，调控湿度是关键，药剂可用木霉菌、枯草芽孢杆菌以及甲硫乙霉威、菌核净等。

菌核病

5. 芹菜根结线虫

连续 2~3 年采用良好环境栽培技术，即可全面控制芹菜根结线虫。第一、二年根结线虫基数大，可以在芹菜缓苗后，冲施一次根旺生物菌 + 阿维菌素。没有明显根结虫时，不再用药。

6. 蚜虫

蚜虫常导致芹菜矮化、畸形，需提前预防。结合防治其他病虫害，喷雾噻虫嗪、啶虫脒、螺虫乙酯、烯啶虫胺等。

蚜虫危害

7. 芹菜出现局部矮化，生长缓慢

多因肥害或者土壤盐渍化严重所致的局部矮化、生长缓慢，可以采用良好环境栽培技术避免。一旦发生，局部浇灌根旺生物菌 2~3 次可缓解，有根腐并发的要混合井冈蜡芽菌冲施。随后冲施金龟钙奶调理土壤，促进良好生长、增加产量。

芹菜缓苗期出现幼芽干枯，没有软腐、发臭等现象，通常是

芽枯病

缺钙造成的。土壤缺钙、盐渍化严重，影响钙素吸收，温度过高等为主要原因，结合防治软腐病、蚜虫，喷雾噻森铜 + 盖美特 + 噻虫嗪等。

四、葡萄病虫害生态调控技术

葡萄营养丰富，含有大量的糖、果酸、维生素和矿物质元素，能补益气血、强筋骨、通经络、改善血液循环。无论是加工还是生食品种，近年来市场需求都在迅速增加，尤其是优质鲜食葡萄的需求量快速增加，价格飙升。葡萄种植管理技术也日渐成熟。优质葡萄品种有巨峰、巨玫瑰、阳光玫瑰、金手指、克瑞森无核、夏黑、玫瑰香、红提等，摩尔多瓦因其抗病性强、成熟果实挂树期长，也被用于葡萄长廊栽培。

1. 选址建园

葡萄根系分布较浅，适宜通气性良好的沙质壤土，富含有机质、矿物质元素。葡萄园要远离村庄、养殖区，避开工业污染区，以 10 亩为宜，集中种植管理。避雨棚栽培是优质葡萄生产发展的方向，园址最好便于搭建避雨棚。品种组成，最好早：中：晚熟按 2：5：3 搭配，或者根据市场趋势选择品种组合。葡萄栽培模式即架式选择，大棚架模式采摘效果好，日灼伤发生轻；篱壁式、V 字形架式，便于大面积生产管理，产量高、品质好。建议主栽面积以篱壁式或者 V 字形架式为主，通道部位搭建棚架，全部采用避雨栽培模式。所有葡萄栽植都要起垄栽植，穴施优质生物菌肥，二水定苗，银灰地膜覆盖，膜下滴灌浇水，采用追肥的起垄 211 技术，使葡萄生长旺盛、成活率高，便于管理，获得早期丰产。

避雨棚 V 形架红提葡萄

篱壁式通常株距 1 米，行距 2~2.5 米，主蔓整形株距 0.5~0.8 米；V 形栽植株距 0.8~1 米，行距 2.5 米；棚架栽植行距 3 米，株距 1.5~2 米，单边棚架株距 0.5~0.8 米。

2. 土壤管理与施肥

葡萄栽植后行内覆膜、覆草，行间生草；选择优势草，除去葎草、牵牛花等攀缘性杂草，创造良好的生态环境；葡萄园施肥使用有机肥、生物菌肥、海藻生物菌肥，或者生物菌发酵好的畜禽粪，配合金龟二代，少用或者不用氮、磷、钾肥料。早春冲施肥料以生物菌肥、碳肥、海藻酸、氨基酸肥为好，如金龟原力。叶面补肥，发芽期补充螯合铁、几丁聚糖、氨基寡糖等（如绿元素 + 太抗几丁）；现蕾后补充优质硼，提高坐果率和幼果质量；谢花坐果后补充钙肥、盖美特等，提高果实硬度、脆度，减轻裂果，增加耐储性；进入转色期，补充喷雾钾肥、磷酸二氢钾等，促进成熟转色，提升品质。

增加枝叶量、合理负载，是目前葡萄园区需注意的问题。巨峰等叶片厚大品种，每果枝保留 10~12 片叶，每株或者全园 1/4 的枝蔓不让结果，作辅养枝；红提等叶片小薄品种，每果枝留 14~16 片叶，每株 1/2 的枝蔓作辅养枝。这样基本保证每果枝有一穗果，且 0.5~0.8 千克果实能充分发育膨大、完好成熟。同时有足够营养壮树、分化花芽，贮备翌年生发的营养；提高抗寒、抗冻性能，保证翌年花量充足，防止葡萄晚发芽、枯死枝、黄叶等现象发生。

保留亩枝量，小叶品种每 8~10 厘米留一蔓，大叶品种每 10~12 厘米留一蔓；所有品种基部生发的短枝，通常保留 4~7 片叶摘心，最好不要疏除，以便于增加光合面积，提升营养贮备，降低地面裸露高温，改善小气候环境，减轻气灼伤、日灼伤等危害。

在巨峰葡萄坐果期，高温灼伤或者花冠机械损伤会造成黑痘病，通过生草覆草技术、增加留枝量可以解决。

葡萄谢花，花冠脱落

葡萄花冠干枯，夹伤幼果

3. 具体措施

近年来葡萄病害主要有霜霉病、炭疽病、白腐病、黑痘病、褐斑病，以及刚出穗时的穗轴褐枯病、灰霉病；虫害主要有绿盲蝽、斑衣蜡蝉、葡萄叶蝉、葡萄食心虫、葡萄透翅蛾、红蜘蛛等；生理性病害，如日烧病、软果病、裂果病、缺素病等。

（1）葡萄霜霉病：葡萄霜霉病在葡萄生长中后期发生，主要侵害叶片和果实，先发生于幼果或者二次梢或叉枝上，叶正面出现黄斑，背面产生白色霉层，致使叶片干枯脱落；园片郁蔽、湿度大时发病严重，会侵害果实、果梗，表面长出白色霉状物，造成减产。

潮湿、冷凉、多雨、多雾时发病重，病菌在病残体内或随落叶在土中越冬，翌年 6 月随降雨释放游动孢子侵染发病。红提、黑提、金手指、美人指等品种易感，巨峰、巨玫瑰、阳光玫瑰等品种有抗性，摩尔多瓦抗霜霉病。

搞好排水，早期连续喷药预防，高湿前用药，避雨棚栽培可以预防霜霉病。预防霜霉病，使用 68.75% 噁唑菌酮锰锌水分散粒剂，

叶片霜霉病正面

叶片霜霉病背面

还有络合态代森锰锌、代森锌、代森联、波尔多液。与霜脲氰、烯酰吗啉、甲霜灵、霜霉威、氟噻唑吡乙酮、氰霜唑等混合或者交替用药，效果更好。在葡萄幼果期慎重使用波尔多液、百菌清、质量较差的代森锰锌等，否则易发生药害。

（2）葡萄炭疽病：葡萄炭疽病又叫晚腐病，是一种谢花至幼果期侵染，成熟期发病的重要果实病害。近年来发病严重，减产20%~40%，甚至绝收。病原菌主要在病果、枝蔓、架杆上越冬。在膨大后期发生日灼伤口，易发生炭疽病，早发病斑可以再次侵染发病。幼果期预防侵染，膨大期预防日灼，发病初期应用内吸治疗性药剂。

冬季修剪后清园，深埋病残体。生草覆草、多留枝，防止果实日灼。避雨栽培，果穗套袋；加强田间管理，保持通风透光。谢花后，喷68.75%噁唑菌酮锰锌水分散粒剂1 200倍液、75%代森锰锌水分散粒剂800倍液；幼果迅速膨大期，喷雾吡唑代森联、氟硅唑、甲基硫菌灵、嘧菌酯等；发现零星病斑时，喷雾40%氟硅唑5 000倍液，混合70%甲基硫菌灵1 000倍液。

果穗霜霉病

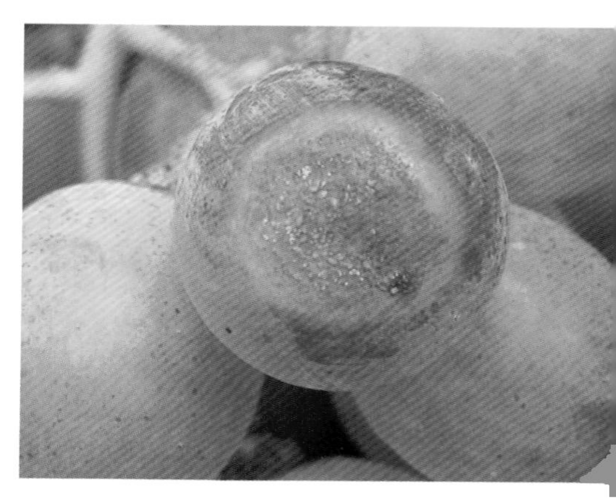

炭疽病

（3）葡萄穗轴褐枯病：葡萄穗轴褐枯病是葡萄花序长出后至幼果期发生的一种烂穗病害，低温高湿是发生的重要原因，特别是遇到连续阴天、小雨天气。避雨栽培，降低湿度，提前喷药防护，效果良好。喷雾 70% 甲基硫菌灵 700 倍液 +12.5% 井冈蜡芽菌 300 倍液，或者啶氧菌酯、吡唑代森联、嘧菌酯等，可以有效防控。

穗轴褐枯病

（4）葡萄白腐病：葡萄白腐病在高温、高湿条件下易发生，7~8 月频繁降雨，大风、冰雹灾害等造成微伤口多，白腐病则大发生。在巨峰葡萄上主要危害果穗（特别是距地面 50 厘米以下的果穗），

白腐病

黑提、红提、金手指、美人指等品种，危害果穗和枝蔓，多从摘心、抹叉处侵入病菌发病，造成死枝、枯梢等现象。

防控措施同炭疽病。

（5）葡萄黑痘病：又名疮痂病，主要侵害幼果、嫩梢。幼叶初染病，出现针尖大小褐色斑点，扩大后呈圆形、中央浅褐色或灰白色，边缘为暗褐色斑，最后干枯穿孔；叶脉受害，叶片皱缩；幼果染病，呈褐色圆形小斑点，以后病斑中央变灰白色，为圆形。

创造良好的土壤环境，使葡萄整齐强壮生长；规范枝蔓培养与叉枝处理，避免多发性叉枝诱导发病；早期结合喷雾唑类杀菌剂、螯合铁，预防发病、老化组织、提高抗病性；结合炭疽病等综合防控。

黑痘病

（6）葡萄褐斑病：雨水大年份葡萄褐斑病发生严重，一般于6月开始发病，7~9月为发病盛期。低洼处植株下部叶片呈黑褐色斑点，严重后叶片黄化脱落。褐斑病主要侵害叶片，造成早期落叶，影响当年产量、品质和花芽分化；偶尔侵害幼果，造成针尖大小的圆形黑点，影响生长和果面。防控措施同霜霉病等，避雨栽培，发病后喷雾多抗霉素、氟硅唑、吡唑代森联等。

褐斑病

（7）葡萄灰霉病：主要侵害花穗和果实，套袋、果园郁蔽或保护地高湿环境是主要发病原因。花穗感病，在花梗、小果梗或穗轴上出现淡褐色水渍状病斑，随后变暗褐色软腐，持续高湿产生灰色霉层。

灰霉病

高湿环境或者高湿、低温气候来临之前喷雾木霉菌，谢花后至套袋前，喷雾甲硫乙霉威、啶氧菌酯等。

（8）绿盲蝽等害虫：在葡萄园，绿盲蝽发生越来越普遍，危害也越来越严重，有的红提葡萄新梢受害率竟达80%以上，主要危害叶片、嫩蔓和花序。绿盲蝽在葡萄新芽膨大褪毛后即开始危害，潜藏于芽缝间吸食汁液，刚展开的受害叶面有针尖大小的红褐点，

绿盲蝽危害叶面和果穗

随叶片的展开呈穿孔状，严重者仅剩叶脉。绿盲蝽有 2~3 个普通蚜虫大小，触角、足细长，行动灵活，潜藏性强，田间较难发现。

通过冬季修剪清除枯梢，降低虫口基数；通过葡萄行间生草，分散发生，减轻树上危害；早春展叶前，喷雾噻虫嗪、呋虫胺、噻虫胺等药剂防控。

葡萄透翅蛾在个别葡萄园和庭院葡萄发生，危害枝蔓、果穗。主蔓受害导致大片枝蔓干枯，翌年重发。葡萄透翅蛾一年发生 1 代，老熟幼虫在枝蔓内做蛹室越冬，翌年 5 月羽化成虫，在葡萄新梢叶柄基部产卵，初孵幼虫从叶柄基部蛀入危害，逐步向枝蔓基部方向取食，分段蛀孔，向外排出虫粪。叶柄基部的红色膨大和虫粪可以作为指示物查找虫道，人工取出害虫。喷雾 35% 氯虫苯甲酰胺 5 000 倍，可以有效防控。

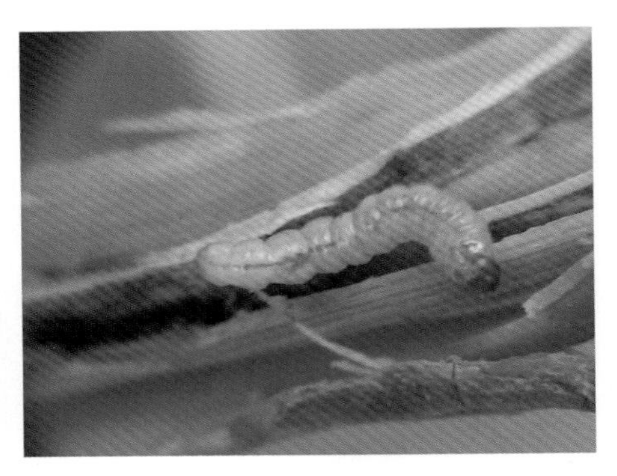

透翅蛾

斑衣蜡蝉是多食性害虫，主要刺吸汁液，在葡萄生长早期发生。斑衣蜡蝉越冬卵集中成块，产于主蔓或者周围树木枝干背阴侧，清除越冬卵有良好防控效果。可以喷雾噻虫嗪、噻虫胺、呋虫胺、吡虫啉等防控。

斑衣蜡蝉

茶黄螨主要在7~9月份危害，使葡萄叶片变厚、背面变暗，有锈色光泽。幼果受害，形成不规则褐色锈斑，甚至果栓化，严重影响商品性。高温、干旱是重要发生原因。

选用1.8%阿维菌素3 000倍液、20%阿维乙螨唑3 000倍液、联苯肼酯等防控。

茶黄螨

4. 葡萄病虫害防控用药方案（以露地红提葡萄为例）

（1）幼苗出土后，喷雾 40% 氟硅唑 5 000 倍液 +12.5% 井冈蜡芽菌 200 倍液，铲除越冬菌，清园。

（2）发芽后，喷雾噻虫嗪 + 甲基硫菌灵 + 太抗几丁 + 螯合铁（绿元素），防控绿盲蝽、蚜虫、叶蝉、黑痘病、黄化叶、萌发抽枝不齐等。

（3）现蕾后、开花前，喷雾噁唑菌酮锰锌 + 噻虫嗪 + 优质硼，预防穗轴褐枯病、黑痘病、绿盲蝽、叶蝉、斑衣蜡蝉等。

（4）谢花后，喷雾甲基硫菌灵 + 盖美特；吡唑代森联 + 盖美特；啶氧菌酯（甲硫乙霉威）+ 霜脲锰锌 + 噻虫嗪 + 盖美特；

套袋后，喷雾嘧唑菌酮锰锌＋氨基酸叶面肥、波尔多液（1∶2∶220）、吡唑代森联、嘧唑菌酮锰锌等交替喷雾，10~15天喷一遍。开袋前喷雾40%氟硅唑5 000倍液+72%霜脲锰锌300倍液，防控炭疽病、霜霉病等。开袋后，晴天不用喷药，阴雨天喷雾井冈蜡芽菌＋盖美特＋啶氧菌酯，注意避免果面污染。

5. 葡萄软果病

葡萄软果病又叫转色病、水罐子病，主要病因为种植者追求高产，留果太多，叶面积不足，肥料使用不当，或是辅养枝保留过少、叶片保护差，生长不平衡等，使叶片制造的养分不能满足葡萄正常生长成熟的需要，葡萄长期处于饥饿状态不能按时成熟，时间久了果粒变软。严重缺钙会影响细胞发育，也会出现果粒软化。

一般品种要求：每亩留枝量3 500~4 500条，1/4的枝蔓不让结果，作辅养枝，其余每枝留一穗果，每枝总留叶数10~12片，亩产控制在2 250千克；红提、兴华等薄叶旺长晚熟品种每亩留枝量4 500~6 000条，1/2的枝蔓作辅养枝，每枝总留叶15~18片，亩产控制在1 500千克。

6. 葡萄裂果病

葡萄裂果病是生理病害，主要是因为长期大量使用化学肥料，土壤酸化、板结；土壤有机质含量低，持水能力差，葡萄根系生长和吸收能力不足；果园前期干旱；保留枝叶量少。果实近成熟期突然大量降水，果粒吸水膨胀造成裂果。

施足有机肥（包括杂草、落叶、作物秸秆、圈肥的发酵利用）；增加枝叶数，合理留果量；幼果膨大期连续喷施钙肥，如盖美特、氨基酸钙等；果实近转色期时及时浇水；采用果实套袋技术。

7. 葡萄日烧病

葡萄日烧病是由高温、干旱、强日照造成的一种生理性病害。巨峰葡萄主要在谢花期发病，造成花帽难脱、幼果黑粒等现象，对产量影响较大；红提、阳光玫瑰等葡萄在幼果和转色前两次发病重，防治不好损失惨重。幼果主要造成灼伤斑，阳面或下侧多发，转色前发病造成果粒、穗轴近似白腐病状的损伤，但是不腐烂，果粒不易脱落。

施足有机肥；增加枝叶数；定向绑缚枝；巨峰葡萄花前少浇水，喷用坐果剂；红提、阳光玫瑰等葡萄改篱架为 V 形架或棚架，多留穗上分枝，套袋前浇水，袋上盖草遮阴，喷用噁唑菌酮锰锌等保护叶片，8~9 月及时浇水。

附　录

附录 1　临沂市大樱桃质量与安全生产关键技术规程

一、范围

本标准规定了大樱桃术语定义、质量分级、安全生产关键技术、采收、预冷、分级、包装、冷链运输等技术规范。

二、规范性引用文件

下列文件中的内容通过文中的规范性引用而构成文本文件必不可少的条款。其中，注日期的引用文件，仅该日期的版本适用于本文件；不注日期的引用文件，其最新版本（包括所有修改单）适用于本文件。

GB 2763 食品安全国家标准食品中农药最大残留限量

GB/T 8321（所有部分）农药合理使用准则

GB/T 26906—2011　樱桃质量等级

GH/T 1238—2019 甜樱桃冷链流通技术规程

NY/T 496 肥料合理使用准则 通则

NY/T 525 有机肥料

NY/T 5010 无公害农产品 种植业产地环境

DB37/T 4169—2020 大樱桃避雨防霜栽培技术规程

DB37/T 2491 果园生草技术规程

DB37/T 3687 甜樱桃采后处理技术规程

三、术语定义

GB/T 26906—2011 中界定的术语和定义以及下列术语和定义适用于本文件。

1. 临沂大樱桃

系指在临沂市适宜区域生产的具有相应品种固有特征，且符合本规范要求的大樱桃。

2. 适宜成熟度

指果实已充分发育到应有的形状、大小、色泽和风味，品种特征表现完整。

3. 过熟

果实营养生长已完成，硬度下降、果肉变软，但仍具有该品种特有的形状、大小、色泽和风味，不适合贮藏、运输。

4. 非正常外来水分

果实表面由于雨淋、裂果、磕碰伤、腐烂等原因产生的水分，但不包括果实冷藏后由于温差产生的冷凝水。

四、质量分级

1. 质量等级

大樱桃果实质量标准应符合附表 1 要求。

附表 1　　大樱桃果实等级指标

项目	特级	一级	二级
果实直径（毫米）	>27.0	>25.0	>23.0
果形	果形端正，具有本品种的典型果形，无畸形果	果形基本端正，无畸形果	果形基本端正，允许有 5% 的畸形果
成熟度	适宜成熟度	适宜成熟度	适宜成熟度，过熟或未熟果 < 5%
色泽	具有本品种典型的色泽，深色品种着色全面，浅色 品种着色 2/3 以上	具有本品种典型的色泽，深色品 种着色基本全面，浅色品种着色 1/2 以上	基本具有本品种的典型色泽，深色品种着色超过 1/2，浅色品种 着色 1/3 以上
风味	具有该品种的典型风味，无异味	具有该品种的典型风味	基本具有该品种的典型风味
果梗	新鲜完整、不脱落	新鲜，基本完整、损伤率 <5%	新鲜，基本完整、损伤率 <10%
果面	果面光洁，无磨伤、果锈、日灼	果面光洁，无磨伤、果锈、日灼	果面光洁，无磨伤、果锈、日灼
机械伤	无	无	无
可溶性固形物含量（%）	>16.0	>14.0	>12.0
备注	个别果实小的品种除外		

2. 质量安全指标

临沂大樱桃质量安全指标，应符合 GB 2763 食品中农药最大残留限量和 GB 2762 食品污染物限量的相关规定。

五、安全生产关键技术

1. 产地环境选择

大樱桃园地要求周围环境生态良好，产地环境应符合 NY/T 5010 种植业产地环境的规定，有水浇条件，地下水位在 1.5 米以上，不宜积涝，以土层比较深厚、透气性好、保水力强的中性及微酸性沙壤土和壤土最为适宜。

2. 配置授粉树，大苗建园

选用丰产、优质、抗逆性强的大樱桃品种，如齐早、鲁樱 3、布鲁克斯、美早、桑提娜、萨米脱、黑珍珠等。以中早熟品种为主，主栽品种和授粉品种合理搭配。一般应有两个以上的授粉品种，授粉树占 20%~30%，保证授粉品种与主栽品种授粉花期相遇且有较强的亲和力。

大苗建园，合理密植，苗木高度 1.5 米以上，嫁接部位以上 5 厘米处直径达到 1 厘米，中部以上侧芽饱满，无损伤；侧根 3~5 条，须根较多。采用乔化砧木的株行距为（3~4）米 ×（4~5）米，定植 33~56 株 / 亩；采用矮化砧木的株行距为（2~3）米 ×4 米，每亩定植 56~84 株；采用一根棍方式栽培的株行距为（2~3）米 ×0.5 米，定植 445~667 株 / 亩。矮化砧木宜选择吉塞拉 6 号、吉塞拉 12 号、矮杰等，乔华砧木可选择考特、马哈利、大青叶等。

3. 深翻改土，起垄栽培

栽植前深翻改良，全面深翻或顺行挖宽 1 米、深 0.8 米的栽植沟。将沟土与土杂肥拌匀后回填沟内，并灌水沉实，以备栽植。一般施有机肥3米^{3}左右，栽后隔年结合秋施基肥进行。起垄栽培，垄高30~40厘米、垄宽80~100厘米。

4. 行间生草，覆盖栽培

行间提倡生草，以豆科、禾本科为宜，推荐种植鼠茅草、紫花苜蓿、长毛野豌豆或黑麦草、二月兰等，适时刈割覆盖于树盘。树盘覆盖材料可用麦秸、麦糠、玉米秸、干草等，厚度15~20厘米。

5. 增施有机肥，合理肥水

（1）一次性秋施基肥

秋季落叶前一次性施入基肥，以优质土杂肥为主，同时配合复合肥和硅钙镁钾肥料。一般盛果期果园每亩施2 000~3 000千克优质腐熟农家肥、50~60千克45%氮磷钾复合肥、20~30千克硅钙镁钾肥。以沟施或穴施为主，施在树冠投影范围内。沿树冠外缘内侧挖深60厘米的浅沟，施肥后浇水。

（2）合理肥水，分次追肥

秋施基肥后，分别在萌芽前后（以氮肥为主）、果实膨大期（以磷钾肥为主，氮、磷、钾肥混合使用）、果实生长后期（以钾肥为主）追肥，每次施肥后注意浇水。全年施肥量以当地的土壤条件和施肥特点确定，结果树一般每生产100千克大樱桃需追施纯氮1千克、五氧化二磷0.5千克、氧化钾1千克。树冠下开沟，沟深15~20厘米。注意浇施花前水、催果水、采后水、封冻水、预防霜冻灌水，除封冻水和防止晚霜危害的早春灌水以外，提倡采用滴灌、微喷灌、水肥一体化等节水技术，忌大水漫灌。根据需要喷施3~5次叶面肥。

6. 花期授粉，疏花疏果

花期采用人工授粉、蜂类授粉及喷施硼砂等提高坐果率。提倡壁蜂授粉，蜂巢宜设置在背风向阳的地方，蜂巢距地面1米左右，每巢内 250~300 支巢筒。开花初期每亩果园释放壁蜂 100~500 只。同时注意疏花疏果提高果实品质，一般在大樱桃生理落果后疏果，每花束状果枝留 3~4 个果，最多 4~5 个果，主要疏除特小果和畸形果。采收前适当摘除果实附近的遮光叶片，以增加树膛透光量，促进果实全面均匀着色；果实采收前在树冠下铺反光膜，促进果实着色。

7. 完熟栽培，适时采收

为提高果实品质，提倡适当完熟栽培，杜绝早采。要根据果实成熟的情况，分期分批采收。对就近销售的鲜食果实，一般应在充分成熟，表现本品种特色时采收；外销鲜食或加工制罐的，可以适当早采；用作果酱、酿酒加工的，则要待果实充分成熟后再采收。

8. 强化分级，预冷降温

采用人工或樱桃分级机械对果实分级，剔除裂果、病烂果、畸形（连体）果、刺伤果、过熟果、僵果等，可按颜色、单果重等分级。

田间采收的大樱桃应尽快入库预冷，预冷库温设定在 0~2℃，尽快降低田间热，也可采用气调库贮藏，温度控制在 0℃左右，相对湿度控制在 85%~90%，氧气浓度控制在 5% 以下，二氧化碳浓度控制在 10%~15%。

9. 病虫害防治

（1）防治原则

以农业和物理防治为基础，生物防治为核心，按照病虫害的发生规律和经济阈值，科学使用农药防治技术，有效控制病虫危害。注意开花前重防控，压低病虫基数，幼果期减少施药种类，降低浓度用药，注意保护果面。

（2）综合防治

采取剪除病虫枝，清除枯枝落叶，刮除树干翘裂皮，地面秸秆覆盖，科学施肥等措施，抑制病虫害发生。根据害虫生物学特性，采取使用性引诱剂、糖醋液，树干绑草绳、防虫环等方法诱杀害虫。根据需要采取引进人工释放赤眼蜂，助迁和保护瓢虫、草蛉、捕食螨等天敌，土壤施用白僵菌，生草助养天敌等方式，进行综合防治。

（3）药剂防治

根据病虫害预测预报合理使用药剂防治，参考GB/T 8321规定。大樱桃主要病虫害防治推荐药剂如附表2所示，优先推荐生物农药。

附表2　临沂市大樱桃主要病虫害药剂及防治方法

防治对象	农药名称	剂量	使用方法
清园	石硫合剂	0.3~5度	前期喷干枝
蚜虫、叶螨	0.3%苦参碱水剂	800~1 000倍液	采果后喷施
	10%浏阳霉素乳油	1000倍液	采果后喷施
	10%烟碱乳油	800~1 000倍液	开花前或者采果后喷施
	75%噻虫吡蚜酮水分散粒剂	3 000~5 000倍液喷雾	开花前喷雾
苹小卷叶蛾、刺蛾、造桥虫、梨小食心虫	25%灭幼脲3号悬浮剂	1 000~2 000倍液	开花前或者采果后喷施
	20%杀铃脲悬浮剂	800~1 500倍液	开花前或者采果后喷施
	苏云金杆菌可湿粉	500~800倍液	采果后喷施
	35%氯虫苯甲酰胺水分散粒剂	8 000倍液	开花前或者采果后喷雾

（续表）

防治对象	农药名称	剂量	使用方法
果蝇	4.5% 高效氯氰菊酯乳油	1 000~1 500 倍喷雾	地面喷雾
	35%100 亿 / 毫升短稳杆菌	600~800 倍液	全园喷雾
炭疽病、褐斑病	80% 代森锰锌可湿性粉剂	800~1 000 倍液	采果后喷雾
	68.75% 噁唑菌酮锰锌水分散粒剂	1 200~1 500 倍液	采果后喷雾
	40% 氟硅唑乳油	4 000~8 000 倍液	开花前或者采果后喷雾
	65% 吡唑代森联水分散粒剂	1 500~2 000 倍液	采果后喷雾
褐斑病	43% 戊唑醇悬浮剂	3 000~4 000 倍液	采果后喷雾
	10% 多抗霉素	300~500 倍液	采果后喷施
轮纹病	50% 甲基硫菌灵悬浮剂	600~800 倍液	喷雾

附录 2　沂南县设施芹菜标准化种植技术规程

一、产地环境

1. 产地条件

设施芹菜产地土壤、灌溉水及大气等环境条件，应符合 NY / T 391 绿色食品 产地环境质量的规定，并要求土壤疏松、肥沃。

2. 轮作

播种前清除病残体，深翻整地，重病地实行 2~3 年轮作。

二、选用抗病品种

常规品种选用优质、抗病、适应性广、叶柄黄绿色、实心的本地芹或西芹品种，如津南实芹 1 号、美国西芹等。

三、茬口安排

沂南县芹菜主要采用塑料拱棚、塑料大棚、日光温室等栽培（附表 1）。

附表 1　芹菜栽培茬口安排

茬口	播种期	定植期	收获期
拱棚秋冬茬	6 月中下旬至 7 月上旬	8 月中上旬	10 月中下旬
大棚秋冬茬	7 月上旬	8 月中下旬	10 月下旬至 11 月上旬

四、培育壮苗

1. 种子要求

种子应符合 GB 16715.5 瓜菜作物种子的要求。

2. 苗床准备

播前结合翻地，每平方米苗床施腐熟过筛的农家肥 15 千克，磷酸二铵 25 克，并用 50% 甲基硫菌灵可湿性粉剂 5 克或 50% 多菌灵可湿性粉剂 10 克进行土壤消毒。整平畦面，苗床上铺 15~20

厘米厚的营养土（用1份过筛的腐熟农家肥与2份过筛的肥沃园土配制成营养土，每立方米营养土加过磷酸钙1千克或磷酸二铵0.5千克，枯草芽孢杆菌菌肥2~3千克）。

3. 种子消毒

采用温汤浸种。将种子放入55℃温水中，即2份开水对1份凉水，不断搅拌15分钟。自然冷却降温后，浸种4~6小时；或直接采用55℃温水浸泡种子不断搅拌，随着温度降低不断加入热水，使水温稳定在53~56℃，维持15~30分钟。55℃为病菌的致死温度，浸烫种子后，可基本杀死种子表面的病菌。

4. 种子催芽

种子经浸种、淘洗后，沥净水分，用纱布包好置于18~23℃条件下保温、保湿催芽。当种子30%漏白时，即可播种。

穴盘育苗采用机械化精播时，先把经过浸种、淘洗的种子沥净水分，放到沙布上，种子层厚度不超过2厘米。把种子包好后，装入塑料袋内，扎严塑料袋口，放入10℃的冰箱内进行保湿低温处理。每隔2~3天检查一次，发现种子发黏时进行淘洗，继续低温处理。经过10天低温处理后，把种子晾散，即可直接上机播种。

5. 播种时间

常见设施芹菜育苗播种时间参见附表1。

6. 播种量

采用平畦撒播育苗，本地芹每亩苗床用种量为150~250克，西芹每亩苗床用种量为20~25克。采用穴盘机械化精量播种育苗，采用288孔穴盘，播种1 000盘，约需种子150克。

7. 播种

采用土壤育苗，播前在播种畦内浇透水，育苗床土上保持3~5

厘米深静水层。待水下渗后，把催芽的种子等分成与播种畦相等份数，在每个育苗畦内按种子体积 1：200 比例掺细沙或细潮土，并与种子混匀，往返 3 次均匀撒播于育苗畦内。播后覆土，再在苗床表面覆盖杀菌土。杀菌土采用 25% 甲霜灵可湿性粉剂与 70% 代森锰锌可湿性粉剂按 9：1 混合而成，每平方米苗床混合用杀菌剂 3~5 克与 1 ~2 千克过筛细土，均匀撒在苗床表面，覆土厚度 0.3~0.5 厘米。播种后出苗前，每亩苗床用 33% 二甲戊灵 150~200 毫升，兑水 15~20 千克，均匀喷洒于苗床表面，防止苗期草害。

五、精耕施肥

定植前进行土壤深耕，深翻 25 厘米，整平耙实。施足基肥：播前结合耕翻地每亩撒施有机肥 4 000~5 000 千克、纯氮 3.6 千克，五氧化二磷 6.0 千克，二氧化钾 4.8~7.2 千克。有机肥宜采用充分沤制和腐熟的农家肥。亩施枯草芽孢杆菌菌肥 40 千克。整平细耙，做畦，宽畦 1.2~1.5 米。施用肥料要符合 NY / T 496、NY/ T 525 的要求。

六、土壤消毒

根结线虫病发生重的地块，可利用太阳能消毒。即在夏季高温季节，深翻地 25 厘米，撒施 500 千克切碎的稻草或麦秸，加入 100 千克氰胺化钙，混匀后起垄，覆膜，膜下灌水，保持 20 天。

七、定植

1. 定植期

常见设施芹菜育苗播种时间，参见附表 1。

2. 定植密度

本地芹类品种定植密度为：25 000~35 000 株 / 亩，行距 15 厘米，株距 13~18 厘米；西芹类品种定植密度为：1 万 ~2 万株 / 亩，行距 25 厘米，株距 15 ~27 厘米。

3. 定植深度

定植时做到“深不埋心，浅不露根”。定植水渗完后，埋土深度与苗床入土深度一致，心叶漏出地面。

八、免疫诱抗

选择无病虫苗进行移栽。在定植完缓苗后，间隔 10~15 天叶片喷施 5% 氨基寡糖素水剂 1 000 倍液 3~4 次，可达到促进作物生长、抗病、抗逆，提高产量和改善品质的效果。

九、病虫害综合防治

1. 农业防治

选用抗病品种；培育适龄壮苗；增施腐熟有机肥，采用测土配方施肥；通过放风控制设施环境湿度；及时清洁田园；实行与非伞形花科作物间隔 3 年以上的轮作制度。

2. 生物防治

防治蚜虫可用瓢虫、蚜茧蜂、蜘蛛、草蛉、食蚜蝇等天敌。

3. 物理防治

设施栽培可铺设或悬挂银灰膜，驱避蚜虫等害虫，兼防病毒病。

温室大棚通风口用60目防虫网罩住，防止害虫进入。每亩地悬挂黄色粘虫板50块，诱杀白粉虱、蚜虫、潜叶蝇；悬挂蓝色粘虫板30块左右，诱杀蓟马、茶黄螨。

十、化学防治

注意轮换用药、合理混用，严格执行农药安全间隔期。使用药剂应符合《中华人民共和国农业部公告（第199号）》要求。芹菜主要病虫化学防治方法见附表2。

十一、采收

当芹菜生长达到符合市场商品要求时适时采收，产品符合GB 2763、NY/T 580规定。

十二、生产档案

建立田间生产档案，并妥善保存3年，以备查阅。

附表 2 设施芹菜主要病虫害化学防治方法

防治对象	农药成分	有效成分含量	剂型	用量（克 / 亩或稀释倍数）	使用方法	安全间隔期（天）
猝倒病 立枯病	霜霉威盐酸盐	72.2%	水剂	5~8 毫升 / 米 ^{2}	灌根	3
	哈茨木霉菌	3 亿 CFU/ 克	可湿性粉剂	4~6 克 / 米 ^{2}	灌根	2
早疫病 斑枯病	多菌灵	50%	可湿性粉剂	500~600 倍	喷雾	20
	百菌清	75%	可湿性粉剂	600~700 倍	喷雾	7
	噁霜灵 * 锰锌	64%	可湿性粉剂	500~700 倍	喷雾	3
	苯醚甲环唑	10%	水分散粒剂	35~45 克	喷雾	5
	百菌清	5%	粉尘剂	1 000 克	喷粉	7
软腐病	络氨铜	25%	水剂	300~500 倍	喷雾	7
	琥胶肥酸铜	30%	悬浮剂	500~600 倍	喷雾	7
	氢氧化铜	46%	水分散粒剂	600~800 倍	喷雾	5
菌核病 灰霉病	异菌脲	50%	可湿性粉剂	1 000 倍	喷雾	7
	菌核净	50%	可湿性粉剂	1 000 倍	喷雾	7
	乙霉威	6.5%	粉尘剂	1 000 克	喷粉	7
	嘧霉胺	40%	悬浮剂	600~800 倍	喷雾	3
	枯草芽孢杆菌	1 000 亿 CFU/ 克	可湿性粉剂	60~80 克	喷雾	—
根结线虫	淡紫拟青霉	5 亿孢子 /g	颗粒剂	2 500~3 000 克	沟施	—
	噻唑膦	10%	颗粒剂	1 500~2 000 克	沟施	—
	威百亩	35%	水剂	20 000 克	土壤消毒	—
	氰氨化钙	50%	颗粒剂	80 000 克	土壤消毒	—
	异硫氰酸烯丙酯	20%	水乳剂	3~5 千克	灌根	—
白粉虱 烟粉虱 蚜虫	噻虫嗪	25%	水分散粒剂	4 000~6 000 倍	喷雾	10
	联苯菊酯	2.5%	乳油	1 000 倍	喷雾	7
	吡虫啉	10%	可湿性粉剂	2 000 倍	喷雾	7
	啶虫脒	5%	水分散粒剂	1 000 倍	喷雾	7
潜叶蝇	阿维菌素	1.8%	乳油	2 000~3 000 倍	喷雾	7
	高效氯氰菊酯	4.5%	乳油	2 000 倍	喷雾	7
	灭蝇胺	75%	可湿性粉剂	1 000 倍	喷雾	3
红蜘蛛	阿维菌素	1.8%	乳油	2 000~3 000 倍	喷雾	7
	联苯肼酯	43%	悬浮剂	1 000 倍	喷雾	5
菜青虫 等虫害	高氯 * 甲维盐	5%	水乳剂	10~15 毫升	喷雾	7
	苏云金杆菌	8 000 亿 IU/ 毫克	可湿性粉剂	500~1 000 倍	喷雾	5
	甲维 * 虱螨脲	45%	水分散粒剂	1 000 倍	喷雾	7